1
1970

Faserforschung und Textiltechnik

WISSENSCHAFTLICH-TECHNISCHE ZEITSCHRIFT FÜR DIE CHEMIEFASER- UND TEXTILINDUSTRIE

BEGRUNDET VON
ERICH CORRENS UND WALTER FRENZEL

HERAUSGEGEBEN VON ERICH CORRENS
WOLFGANG BOBETH — HANS BÖHRINGER — HERMANN KLARE
BURKART PHILIPP — CHRISTIAN RUSCHER

SCHRIFTLEITER J. BRÄMER UND I. RUSCHER

AUS DEM INHALT

Bobeth und Schubert
Axialdruckprüfung an synthetischen und tierischen Borsten verschiedener Vorbehandlungen

Poller und Patscheke
Untersuchungen zur Nitrierung des Holzes der Fichte (Picea excelsa Lk.)
3. Versuche mit dem Nitriergemisch von Alexander und Mitchell

Philipp und Linow
Zur Deutung der „Kettenlängendifferenz" zwischen Cuoxam- und Nitrat-DP der Cellulose auf Grund absoluter Molmassebestimmungen an einigen Cellulosederivaten

Reichert und Schauder
Zur Copolymerisation von Acrylnitril mit 3-Natrium-Sulfopropylacrylat und -methacrylat

Ulrich und Reinisch
Zur Reaktion von Polycaprolactam mit Formaldehyd
Teil I. Literaturübersicht

Zimmermann, Hoyme und Tryonadt
Methoden zur quantitativen Bestimmung von Metallen und von Phosphor in Polyäthylenterephthalat

Kurze Mitteilungen

Erfahrungen bei der Bestimmung kleiner Wassergehalte in Polyäthylenterephthalat und Polycaproamid

8. Internationale Chemiefasertagung Dornbirn 1969

Neue Bücher

Patentschau

Literaturschau

AKADEMIE-VERLAG BERLIN

Faserforsch. u. Textiltechnik • 21. Jahrg. • Heft 1 • Seiten 1—48 • Berlin im Januar 1970

T45

PRÄWOZELL® ein Begriff für eine breite Palette hochwertiger Textilhilfsmittel. Ob zum Waschen, Walken, Weichmachen oder zum Schmälzen, Schlichten, Färben, ob zum Beuchen, Bleichen, Detachieren oder zum Netzen, Appretieren, Präparieren:

PRÄWOZELL® veredelt Fasern aus Kunststoff genau so zuverlässig wie Wolle, Baumwolle, Seide, Kunstseide, kurz alle Rohstoffe und Fertigungserzeugnisse der Textilindustrie.

PRÄWOZELL® ein Begriff für Qualitätserzeugnisse, die höchsten Anforderungen gerecht werden.

Fordern Sie eingehendes Informationsmaterial bei uns an.

VEB CHEMISCHE WERKE BUNA · 4212 SCHKOPAU ÜBER MERSEBURG · DDR

DK 678.6/.7-426.2:677.31:677.35:[678.6/.7.01:53:54]
677.017.43:539.2

Bobeth, Wolfgang, und *Schubert, Bernd*

Axialdruckprüfung an synthetischen und tierischen Borsten verschiedener Vorbehandlungen

Faserforsch. u. Textiltechnik **21** (1970) 1, S. 1—7. 18 Abb., 2 Tab., 7 Lit.

Durch Recken, Fixieren, Wässern, Dehnen, Tordieren usw. bedingte Eigenschaftsveränderungen an Borsten treten bei der Axialdruckprüfung besonders stark in Erscheinung. Auch läßt diese Prüfmethode sehr instruktiv erkennen, daß tierische Borsten wesentlich stauchfester sind als synthetische, was an Hand der bestehenden Strukturvorstellungen in einfacher Weise erklärbar ist.

DK 674.032.13:542.958.1:547.458.82:541.124:541.127.1

Poller, Siegfried, und *Patscheke, Gerhard*

Untersuchungen zur Nitrierung des Holzes der Fichte (Picea excelsa Lk.)

3. Versuche mit dem Nitriergemisch von *Alexander* und *Mitchell*

Faserforsch. u. Textiltechnik **21** (1970) 1, S. 8—13. 5 Abb., 3 Tab., 16 Lit.

Die Veränderungen des stofflichen Umsatzes und der Polymerisationsgrade der Nitrocellulosen bei der Direktnitrierung von Fichtenholz mit der Nitriersäure von *Alexander* und *Mitchell* werden in Abhängigkeit von Reaktionszeit und -temperatur untersucht.

DK 547.458.82:541.24.08:541.64:532.13:542.92:[66.062:546-386]

Philipp, Burkart, und *Linow, Karl-Joachim*

Zur Deutung der „Kettenlängendifferenz" zwischen Cuoxam- und Nitrat-DP der Cellulose auf Grund absoluter Molmassebestimmungen an einigen Cellulosederivaten

Faserforsch. u. Textiltechnik **21** (1970) 1, S. 13—20. 6 Abb., 5 Tab., 31 Lit.

Bei den bisher in der Literatur durchgeführten Eichungen von Viskositäts/DP-Beziehungen für Cellulosen in Metallkomplex-Lösungsmitteln wurden die erforderlichen Bestimmungen der DP-Werte fast ausschließlich an Cellulosenitraten durchgeführt, wobei vorausgesetzt wurde, daß die Herstellung der Cellulosenitrate polymeranalog, d. h. ohne Abbau, verläuft. In dieser Arbeit wird nachgewiesen, daß während der Umsetzung der Cellulose zum Cellulosenitrat unabhängig vom Veresterungsverfahren ein Abbau eintritt. Durch Verwendung von Sedimentations/Viskositäts-Messungen an Cellulosecarbanilaten werden neue Eichbeziehungen für Cellulosen in Cuoxam, Cuen, EWNN und Cadoxen ermittelt.

DK 547.339.211:[678.6/.7-13.02:66.095.26]:541.124:541.127.1:547.263'391.1
547.279.521.1:66.062.855.5

Reichert, Hans, und *Schauder, Hans-Joachim*

Zur Copolymerisation von Acrylnitril mit 3-Natrium-Sulfopropylacrylat und -methacrylat

Faserforsch. u. Textiltechnik **21** (1970) 1, S. 21—25. 4 Abb., 2 Tab., 15 Lit.

Acrylnitril wurde mit 3-Natrium-Sulfopropylacrylat und -methacrylat in Dimethylsulfoxid und Dimethylformamid copolymerisiert. In ersterem Medium wurden die Copolymerisationsgeschwindigkeiten und -parameter, in letzterem Medium die spezifischen Viskositäten und Einflüsse zunehmenden Umsatzes zum Polymeren bestimmt.

DK 678.675'126:677.494.675'126:547.281.1:541.124:541.127.1
[678.6.01:53:54]:677.016.673.3/.4:016

Ulrich, Hans-Heinz, und *Reinisch, Gerhard*

Zur Reaktion von Polycaprolactam mit Formaldehyd

Teil I. Literaturübersicht

Faserforsch. u. Textiltechnik **21** (1970) 1, S. 25—32. 1 Tab., 76 Lit.

Die bis Mitte 1968 erschienenen Publikationen und Patente über die Reaktionen von Formaldehyd mit Polyamiden werden zusammenfassend diskutiert. Im einzelnen werden dabei Darstellung, chemische und physikalische Eigenschaften von N-Hydroxymethyl-, N-Alkoxymethyl- und von N.N'-Methylen-bis-polyamiden, Formaldehydbehandlung von Fadenmaterialien sowie die dabei erzielten textilphysikalischen Eigenschaftsveränderungen behandelt.

DK 678.674'524'420:546.18:546.46/.47:546.711:546.73:535.24:543.42.062

Zimmermann, Heinz, Hoyme, Horst, und *Tryonadt, Annemarie*

Methoden zur quantitativen Bestimmung von Metallen und von Phosphor in Polyäthylenterephthalat

Faserforsch. u. Textiltechnik **21** (1970) 1, S. 33—36. 20 Lit.

Als Beitrag zur umfassenden analytischen Charakterisierung von PÄT werden photometrische Methoden zur Bestimmung der in Form von Salzen oder Oxiden als Umesterungs- und Polykondensationskatalysatoren verwendeten Metalle Antimon, Kobalt, Mangan, Magnesium und Zink sowie von Phosphor in PÄT beschrieben. Die Analysenmethoden gestatten die quantitative Erfassung von etwa 10^{-2} bis 10^{-4} % des jeweiligen Elements.

Kurze Mitteilungen

DK 678.675'126:678.674'524'420:543.257:546.212

Praeger, Konrad, und *Dinse, Hans-Dieter*

Erfahrungen bei der Bestimmung kleiner Wassergehalte in Polyäthylenterephthalat und Polycaproamid

Faserforsch. u. Textiltechnik **21** (1970) 1, S. 37—38. 2 Tab., 7 Lit.

DK 061.3.055.1(43b)„1969":677.4.02:677.8

Bürger, Horst, und *Gröbe, Volker*

8. Internationale Chemiefasertagung Dornbirn 1969

Faserforsch. u. Textiltechnik **21** (1970) 1, S. 39—41.

Neue Bücher S. 42.

Patentschau S. 43—45.

Literaturschau S. 45—48.

Die Zeitschrift „Faserforschung und Textiltechnik" erscheint monatlich in Heften zu 48 Textseiten im Format A 4. Der Preis für das Einzelheft beträgt M 15,— (Sonderpreis für DDR M 9,—), für den Vierteljahrbezug M 45,— (Sonderpreis für DDR M 27,—), zuzügl. Bestellgeld. Die Berechnung erfolgt zu Beginn eines Vierteljahrs für 3 Hefte. Bestellungen aus dem Gebiet der Deutschen Demokratischen Republik an ein Postamt, eine Buchhandlung oder den Verlag, aus der Deutschen Bundesrepublik an eine Buchhandlung oder die Auslieferungsstelle Kunst und Wissen, Erich Bieber, 7 Stuttgart 1, Wilhelmstraße 4—6, aus dem Ausland an eine Importbuchhandlung, den Deutschen Buch-Export und -Import GmbH., 701 Leipzig, Postschließfach 276, oder den Akademie-Verlag GmbH., 108 Berlin, Leipziger Str. 3—4 (Fernruf: 220441; Telex-Nr. 0112020; Postscheckkonto 35021) erbeten. Bestellnummer dieses Heftes: 1014/21/1. Alleinige Anzeigenannahme DEWAG-WERBUNG, 102 Berlin, Rosenthaler Str. 28/31, und alle DEWAG-Betriebe in den Bezirksstädten der DDR. — Bestellungen in der UdSSR nehmen entgegen: Städtische Abteilungen von „SOJUZPECHATJ" bzw. Postämter und Postkontore.

Herausgeber und verantwortlich für den Inhalt: Prof. Dr. Dr. Erich Correns, Institut für Faserstoff-Forschung der Deutschen Akademie der Wissenschaften zu Berlin, 153 Teltow-Seehof, Fernruf: Teltow 4831; Prof. Dr.-Ing. habil. Wolfgang Bobeth, Institut für Technologie der Fasern der Deutschen Akademie der Wissenschaften zu Berlin, 801 Dresden, Hohe Str. 6, Fernruf: 44721; Prof. Dr.-Ing. Hans Böhringer, Institut für Textiltechnologie der Chemiefasern Rudolstadt, Fernruf: Rudolstadt 2031; Prof. Dr. Hermann Klare, Prof. Dr. habil. Burkart Philipp und Dr. Christian Ruscher, Institut für Faserstoff-Forschung der Deutschen Akademie der Wissenschaften zu Berlin, 153 Teltow-Seehof, Fernruf: Teltow 4831. Schriftleiter: Joachim Brämer und Dipl.-Chem. Ingeborg Ruscher, 153 Teltow-Seehof, Kantstr. 55. Verlag: Akademie-Verlag GmbH., 108 Berlin, Leipziger Str. 3—4. Satz und Druck: Druckhaus „Maxim Gorki", 74 Altenburg. — Veröffentlicht unter der Lizenznummer 1280 des Presseamtes beim Vorsitzenden des Ministerrates der Deutschen Demokratischen Republik.

Faserforschung und Textiltechnik

WISSENSCHAFTLICH-TECHNISCHE ZEITSCHRIFT FÜR DIE CHEMIEFASER- UND TEXTILINDUSTRIE

Band 21 | Januar 1970 | Heft 1

Axialdruckprüfung an synthetischen und tierischen Borsten verschiedener Vorbehandlungen

Wolfgang Bobeth und Bernd Schubert[1])

Sektion Verarbeitungs- und Verfahrenstechnik, Bereich Textiltechnik, der Technischen Universität Dresden

DK 678.6/.7-426.2:677.31:677.35:[678.6/.7.01:53:54]:677.017.43:539.2

Durch Recken, Fixieren, Wässern, Dehnen, Tordieren usw. bedingte Eigenschaftsveränderungen an Borsten treten bei der Axialdruckprüfung besonders stark in Erscheinung. Auch läßt diese Prüfmethode sehr instruktiv erkennen, daß tierische Borsten wesentlich stauchfester sind als synthetische, was an Hand der bestehenden Strukturvorstellungen in einfacher Weise erklärbar ist.

Испытание синтетических моноволокон и животных щетин, подвергнутых различным предварительным обработкам, на сжатие в осевом направлении

Изменения свойств моноволокон и щетин, обусловленные операциями вытяжки, фиксации, промывки, скручивания и т.д., особенно сильно проявляются при испытании на сжатие в осевом направлении. При помощи такого рода испытания очень наглядно выявляется тот факт, что щетины животного происхождения обладают меньшей сжимаемостью в осевом направлении, чем синтетические моноволокна. Это можно сравнительно просто об'яснить исходя из существующих представлений о структуре этих материалов.

Axial Pressure Testing of Man-made and Animal Bristles subjected to Different After-treatment

Changes in properties of bristles caused by drawing, setting, rinsing, straining, twisting etc. are strongly reflected in testing the axial pressure. This testing method also reveals animal bristles to resist compression essentially better than chemical bristles. This can easily be explained by current structural concepts.

Einleitung

In einer früheren Arbeit [1] wurden Gerät und Verfahren zur *Axial*druckprüfung (Bild 1) an Faserstoffen beschrieben. Als Gegenstück zur Zugprüfung findet diese Prüfmethode im Zusammenhang mit Strukturbetrachtungen besonderes Interesse, da die axiale Druckeinwirkung Desorientierung und Strukturauflockerung zur Folge hat. Erste Versuche ließen erwartungsgemäß erkennen, daß die bisher untersuchten Faserstoffe wesentlich druckempfindlicher als zugempfindlich sind.

Experimentell einfacher durchführbar ist die *Radial*druckprüfung (Bild 1), die das Quetschverhalten der Textilien in allen Verarbeitungsstufen zu erfassen gestattet und hinsichtlich des Gebrauchsverhaltens der Textilien eine wichtige Rolle spielt [2, 3, 4]. Radial- und Axialdruckverhalten — also Quetsch- und Stauchverhalten — korrelieren nach bisherigen Feststellungen wenig, weshalb beide Prüfverfahren zur Eigenschaftscharakterisierung der Faserstoffe erforderlich sind. Das unterschiedliche Verhalten der Faserstoffe in radialer und axialer Druckrichtung ist hauptsächlich bedingt durch deren chemisch-strukturellen Aufbau, die Prüflingsform und die jeweils einwirkenden Druckkräfte sowie deren Verteilung.

Die Axialdruckprüfung kann vorerst nur an Borstenproben von mindestens 0,15 mm Durchmesser durchgeführt werden. Außerdem ist es erforderlich, zwei planparallele Schnittenden herzustellen und das Verhältnis von Probenhöhe zu Probendurchmesser zweckmäßigerweise mit 1:1 einzuhalten. In Fortführung der bereits erwähnten Arbeit [1] wurden neben Verfahrensverbesserungen weitere Untersuchungen an Borstenmaterialien durchgeführt, die verschiedenen Vorbehandlungen ausgesetzt worden waren.

[1]) Jetzt VEB Chemiefaserkombinat Wilhelm-Pieck-Stadt Guben

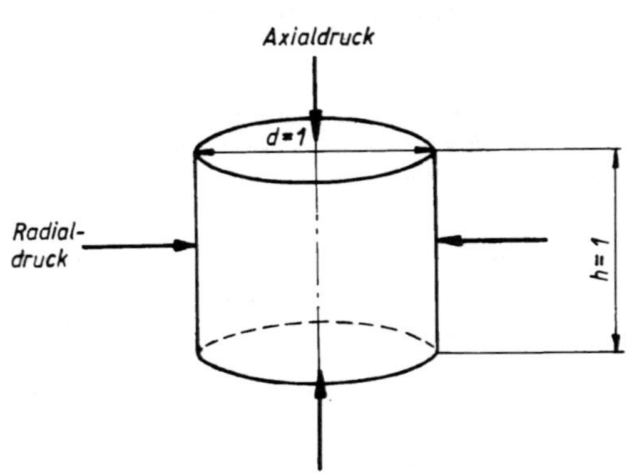

Bild 1. Probenabmessung und Möglichkeiten der Druckeinwirkung

Probenvorbereitung und Versuchsdurchführung

Einwandfreie Versuchsergebnisse erfordern planparallele Schnittflächen, die senkrecht zur Faserstoffachse verlaufen. An Stelle des bisher benutzten, sehr zeitaufwendigen Plattenschnittverfahrens wurde eine selbstgebaute Schneidvorrichtung (Bild 2) verwendet, die wesentlich schneller geeignete Proben herzustellen gestattet. Die Vorrichtung besteht aus zwei Grundteilen *1* und *2*. Zwischen diesen ist mit Hilfe der Schraube *3* eine eisgehärtete Rasierklinge *4* beweglich gelagert. Die Borste wird in eine Nut *5* mit dreieckförmigem Profil eingelegt, wodurch eine einwandfreie Auflagerung an zwei Punkten gewährleistet ist (gleiche Nut für Durchmesser von 0,15 bis 1,5 mm geeignet). Die Borste

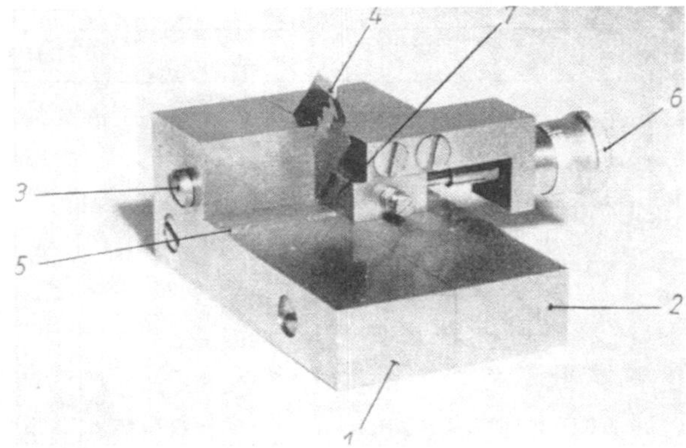

Bild 2. Schneideeinrichtung zur Probenherstellung
1 Grundteil a — *2* Grundteil b — *3* Schraube — *4* Rasierklinge, durch Teil *3* beweglich gelagert — *5* Nut zur Aufnahme der Borste — *6* Mikrometerschraube — *7* Anschlag

wird mit dem Finger leicht in die Nut gedrückt. Das Einstellen der Probenlänge geschieht mittels Mikrometerschraube *6*, durch die ein Anschlag *7*, der mit einem Gegenprofil zur Nut in dieser gleitet, verschoben werden kann. Wenn die Borste mit etwa gleichbleibender Kraft an den Anschlag *7* gedrückt wird, betragen die Schwankungen in der Probenlänge nicht mehr als ± 10 µm. Der zum Schnitt erforderliche Spalt ist so eingestellt, daß die Schneidklinge gerade noch bewegt werden kann. Eine Borstendurchbiegung über dem schmalen Spalt ist nicht möglich. Durch Herabsenken der Schneidklinge in den Spalt wird das Probenstück zwischen Spalt und einstellbarem Anschlag sauber abgetrennt. Eine mikroskopische Nachprüfung der Probenstücke auf Planparallelität der Schnittenden sowie hinsichtlich der Abmessungen ist empfehlenswert.

Die Versuchsdurchführung an den zwischen planparallelen Platten aufgestellten Probenstücken erfolgte unter Nutzung der bereits erarbeiteten Versuchsbedingungen [1], die nachstehend wiedergegeben werden:

Verhältniszahl V von Probenhöhe zu Probendurchmesser: $V = 1$.
Probenenden: trocken (kein Schmiermittel).
Belastungsgeschwindigkeit: 20 p/s.
Einzelversuche: $n = 5$.
Ermittlung der Axialdruckfestigkeit: Anlegen von Tangenten an den ersten steilen Kurventeil und den mittleren flachen Kurventeil. Schnittpunkt liefert auf der Ordinate die Axialdruckfestigkeit (Fließgrenze).

Spannungsberechnung:

$$\sigma_d = \frac{P_d}{F_0};$$

σ_d = Druckspannung,
P_d = Druckkraft,
F_0 = Ausgangsquerschnitt der Probe.

Elastizitätsmodul:

$$\sigma = \frac{P}{F_0} = \varepsilon \cdot E \qquad E = \frac{\sigma}{\varepsilon};$$

ε und σ beziehen sich auf die Fließgrenzwerte (s. o.);
ε = Stauchgröße,
E = Elastizitätsmodul beim Stauchen.

Stauchversuche an synthetischen Borsten

Unter Einhaltung der vorstehend beschriebenen Probenvorbereitung und Versuchsdurchführung wurden die in Bild 3 wiedergegebenen Stauchkurven von

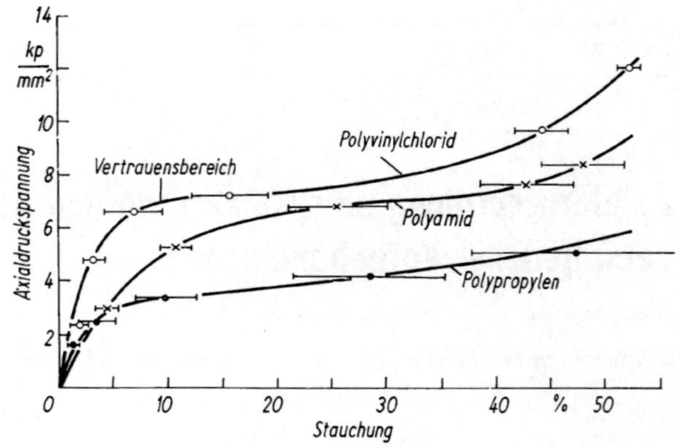

Bild 3. Stauchverhalten synthetischer Borsten

handelsüblichen Polypropylen- ($d = 0{,}276$ mm), Polyamid- ($d = 0{,}410$ mm) und Polyvinylchloridborsten ($d = 0{,}326$ mm) aufgenommen. Die Kurven zeigen untereinander einen auffallend analogen Verlauf, der durch folgende drei Bereiche gekennzeichnet ist:

1. Elastischer Bereich, in dem die Druckspannungszunahme vorwiegend proportional zur Stauchung verläuft;
2. Fließbereich, in dem eine starke Verformung und in Verbindung damit eine Verschlechterung des Ordnungszustandes stattfindet;
3. Druckverfestigungsbereich, der nach der Umstrukturierung — offenbar infolge einer Verbesserung des Ordnungszustandes — zunehmend in Erscheinung tritt.

Die aus den Diagrammen ermittelten Axialdruckfestigkeiten und Elastizitätsmoduli sind in Tabelle 1 zusammengestellt. Trotz großer Wertestreuungen fällt auf, daß die Polyvinylchloridborsten den größten Stauchwiderstand aufweisen, dicht gefolgt von den Polyamidborsten, während die Polypropylenborsten stärker abfallen. Auch hinsichtlich des Elastizitätsmoduls liegen die Polyvinylchloridborsten offensichtlich an der Spitze. Wesentlich niedrigere Werte weisen hier die Polyamidborsten auf, während die Polypropylenborsten eine Mittelstellung einnehmen.

Bild 3 ist die Weite des Vertrauensbereiches der Stauchung zu entnehmen, die im Fließbereich am größ-

Tabelle 1. Axialdruckfestigkeit und Stauch-Elastizitätsmodul synthetischer und tierischer Borsten

Borsten	Axialdruck-festigkeit kp/mm²	Stauch-Elastizitäts-modul kp/mm²
Polypropylen	3,30	110
Polyamid	6,36	73
Polyvinylchlorid	6,84	174
Roßhaar, Anlieferungszustand	8,58	128
Roßhaar, gekocht	11,88	153
Kuhhaar	12,08	226
Schweineborste	14,20	404

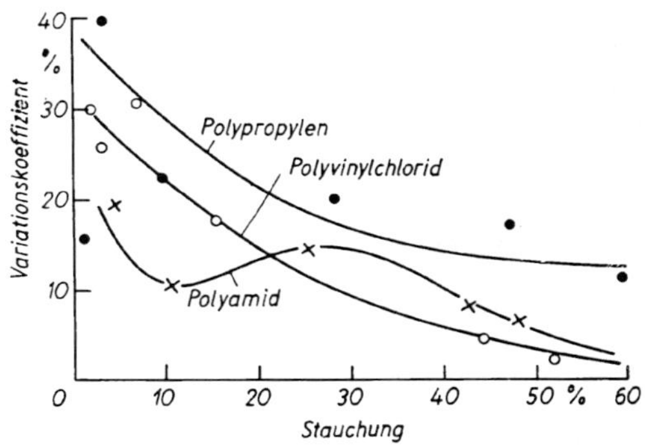

Bild 4. Variationskoeffizient beim Stauchen synthetischer Borsten

ten ist, was an den Polypropylenborsten besonders stark in Erscheinung tritt. Die Variationskoeffizienten der Stauchung sind in Bild 4 über der Stauchung aufgetragen und lassen mit deren Zunahme einen starken Abfall erkennen. Eine Ausnahme machen die Polyamidproben, die einen vorübergehenden Anstieg aufweisen.

Da Prüfverfahren vor allem dann interessant sind, wenn sie auf physikalische oder chemische Beeinflussungen stark ansprechen, d. h. eine bemerkenswerte Werte- bzw. Kurvenverschiebung erkennen lassen, wurden Polyamid-6-Borsten (DEDERON) nach verschiedenen Behandlungen auf Axialdruckverhalten untersucht. In diesem Zusammenhang ist die *Fixierung* synthetischer Faserstoffe von besonderem Interesse. Deshalb wurden vier Wochen alte DEDERON-Borsten bei 95 °C in destilliertem Wasser mit unterschiedlichen Zeiten fixiert. Die Stauchprüfung an diesen Proben erfolgte nach 24 h Lagerung im Normalklima. Die Bilder 5 und 6 lassen erkennen, daß die Stauchkurven mit zunehmender Fixierzeit einen höheren Verlauf nehmen und die Axialdruckfestigkeit anfangs schnell ansteigt und schließlich einem Grenzwert zustreben dürfte. Die errechneten Variationskoeffizienten sind zu Beginn des Fließbereiches maximal (Bild 7) und nehmen mit steigender Fixierzeit ab, was auch aus Bild 8 hervorgeht, wo etwa ab 200 s Fixierzeit minimale Werte erreicht werden.

Da Polyamide Wasser aufnehmen und bekanntlich deren Naßfestigkeit etwas niedriger als die Trockenfestigkeit ist, interessierte auch deren *Naßstauchverhalten.* Die Proben wurden unterschiedliche Zeiten in destilliertes Wasser eingelegt. Bild 9 läßt einen beträchtlichen Unterschied in der Höhe der Kurvenverläufe in Abhängigkeit von der Wässerungsdauer erkennen, wobei nach 60 min ein Grenzwert noch nicht erreicht ist, was auch Bild 10 für die Axialdruckfestigkeit zu entnehmen ist. Ergebnisse eines Langzeitwässerungsversuches über 3 Tage hinsichtlich Axialdruckfestigkeit und Stauchelastizitätsmodul sind Tabelle 2 zu entnehmen. Der Werteabfall ist beträchtlich größer als bei analogen Zugversuchen.

Hinsichtlich *mechanischer Vorbeanspruchungen* und deren Auswirkungen bei auf Zug vorbeanspruchtem

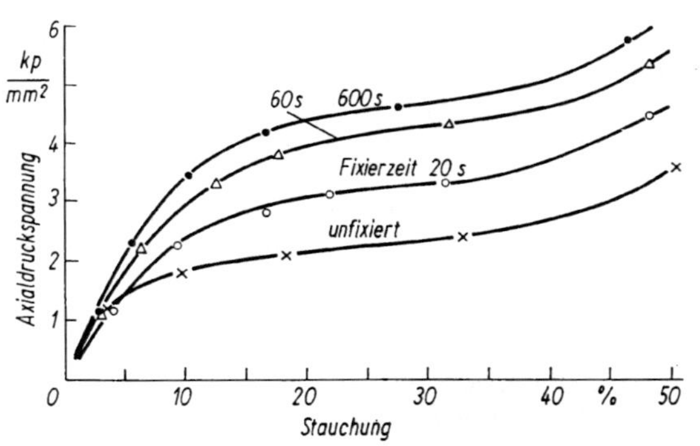

Bild 5. Stauchverhalten von Polyamid-6-Borsten in Abhängigkeit von der Fixierzeit

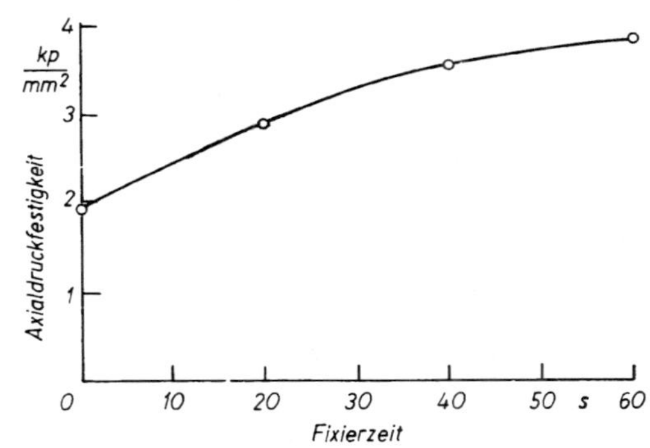

Bild 6. Einfluß der Fixierzeit auf die Axialdruckfestigkeit von Polyamid-6-Borsten (Heißwasserfixierung bei 95 °C)

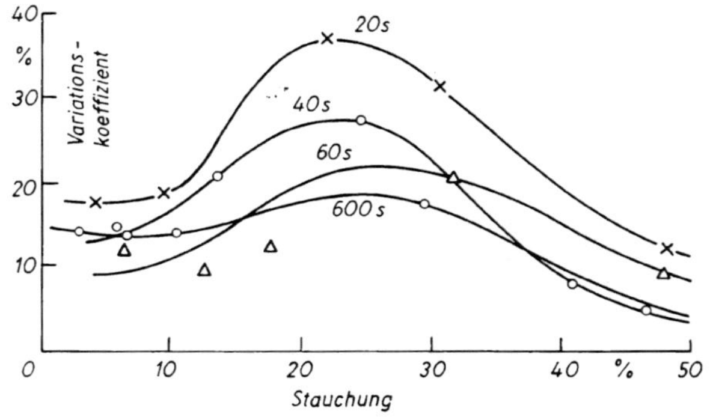

Bild 7. Variationskoeffizienten beim Stauchen von Polyamid-6-Borsten in Abhängigkeit von den Fixierzeiten

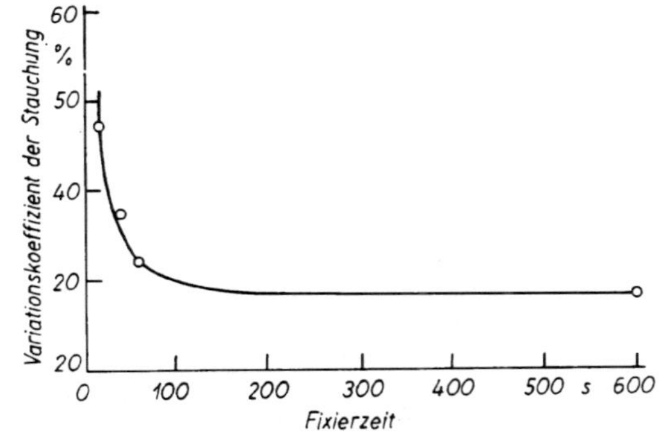

Bild 8. Maximaler Stauchvariationskoeffizient für Polyamid-6-Borsten in Abhängigkeit von den Fixierzeiten

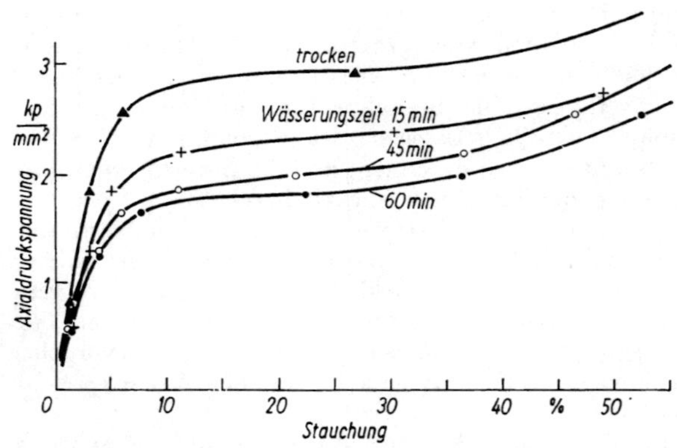

Bild 9. Stauchverhalten von Polyamid-6-Borsten in Abhängigkeit von der Wässerungszeit

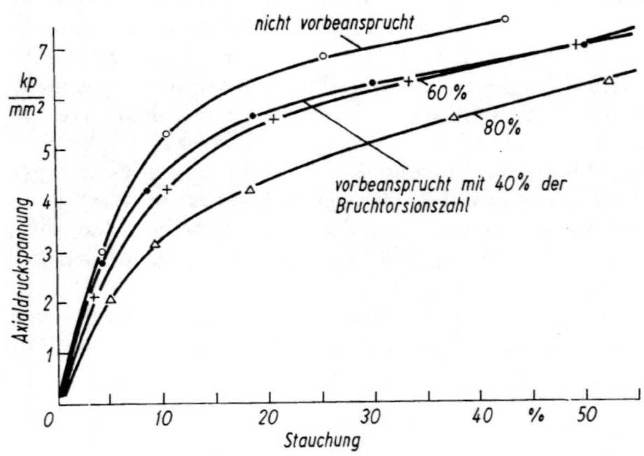

Bild 11. Stauchverhalten von Polyamid-6-Borsten in Abhängigkeit von Torsionsvorbeanspruchungen

Material wurde bereits früher festgestellt [1], daß sich der Prüfling mit weniger Kraft verformen läßt. Die Versuche wurden nunmehr auch auf *tordiertes Material* (0, 20, 40, 60, 80% der Bruchtorsionszahl bei 10 cm Einspannlänge, tordiert auf einem normalen Faden-

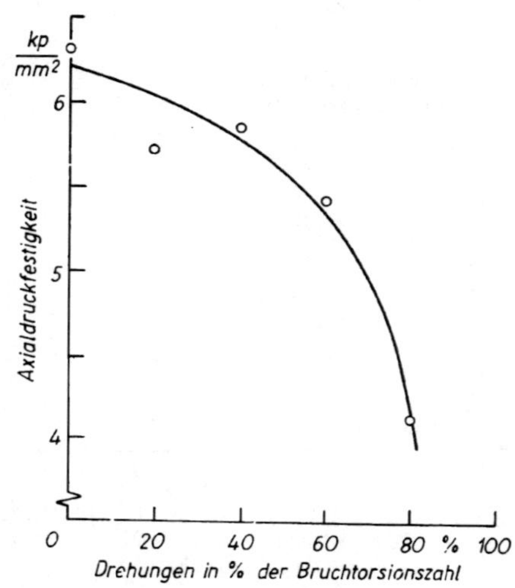

Bild 12. Axialdruckfestigkeit von Polyamid-6-Borsten in Abhängigkeit von Torsionsbeanspruchungen

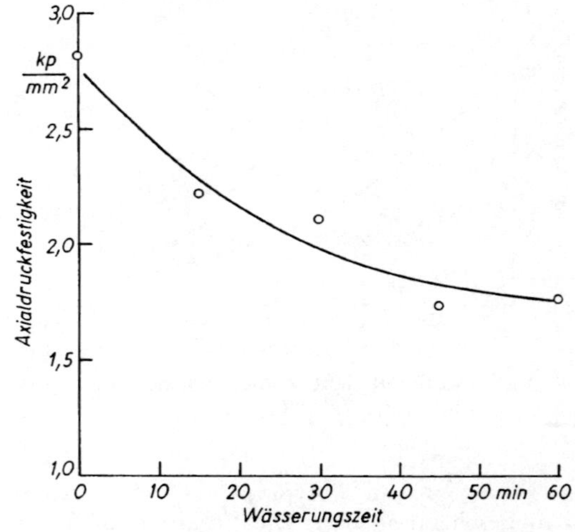

Bild 10. Axialdruckfestigkeit von Polyamid-6-Borsten in Abhängigkeit von der Wässerungszeit

Tabelle 2. Veränderung von Axialdruckfestigkeit und Stauch-Elastizitätsmodul durch Langzeitwässerung bei Polyamidborsten und Roßhaar

	Polyamidborsten		Roßhaar	
	Axial-druck-festigkeit kp/mm²	Stauch-Elastizitäts-modul kp/mm²	Axial-druck-festigkeit kp/mm²	Stauch-Elastizitäts-modul kp/mm²
trocken	2,82	56,5	8,58	128,0
nach 3tägiger Wässerung	1,75	30,8	5,95	94,3
Verlust in %	38,0	45,0	30,6	26,4

drehungsprüfer) sowie auf *Dauerbiegungen* ausgesetztem Material (0, 1000, 2000 Doppelbiegungen; 5,1 p/tex Vorbelastung und 112 Doppelbiegungen/min; Biegekantenradius ca. 1,5 mm; 2 h Erholungszeit) ausgedehnt.

Wie Bild 11 zeigt, läßt sich tordiertes Material, das eine Strukturschädigung aufweist, mit weniger Kraft

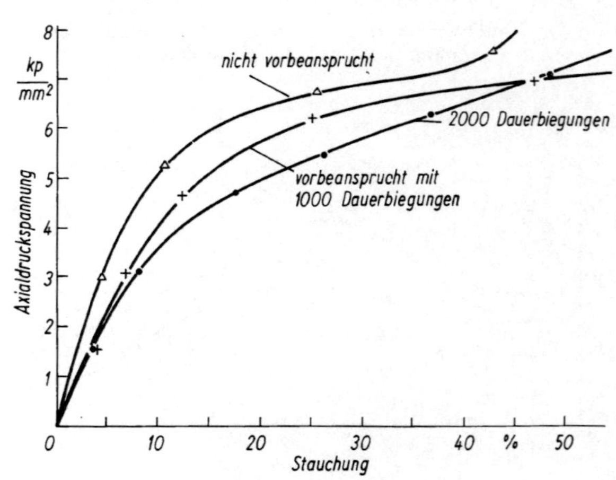

Bild 13. Stauchverhalten von Polyamid-6-Borsten in Abhängigkeit von Biegevorbeanspruchungen

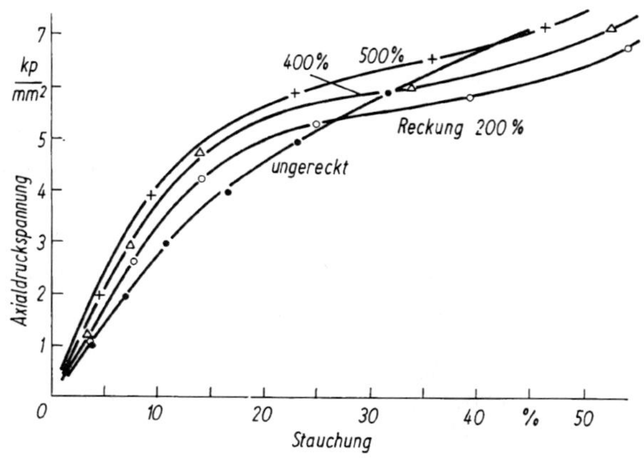

Bild 14. Stauchverhalten von Polyamid-6-Borsten in Abhängigkeit von der Reckung

stauchen. Mit zunehmender Tordierung nimmt die Axialdruckfestigkeit in steigendem Maße ab (Bild 12). Gleiche Beobachtungen wurden an auf Dauerbiegung beanspruchtem Polyamidmaterial gemacht (Bild 13). Diese Versuche waren experimentell insofern schwierig, als die Biegestelle aus der Probe herausgeschnitten werden mußte.

Schließlich wurde noch untersucht, wie sich unterschiedliche *Reckungsgrade* an Polyamidborsten auf das Stauchverhalten auswirken. Die Proben zeigten je nach Reckungsgrad Dicken von $d = 0{,}805$ bis 0,443 mm. Gereckt wurde an einem Zugfestigkeitsprüfgerät unter gleichen Geschwindigkeitsbedingungen. Nach Erreichen des jeweiligen Reckungsgrades war eine Verweilzeit von 15 min einzuhalten, bevor die Klemme geöffnet wurde. Es schlossen sich 5 min Wasserfixierung bei 95 °C sowie 24 h Auslegung bei Normalklima an. Bild 14 läßt erkennen, daß erst an gerecktem Material die üblichen dreigeteilten Kurvenverläufe beim Stauchversuch erhalten werden.

Ungerecktes Material zeigt nur eine leicht gekrümmte Druckspannungs-Stauch-Kurve, was zweifellos auf die nahezu fehlende Orientierung der Struktureinheiten zurückzuführen ist. Es entfällt also offensichtlich weitgehend eine Verschlechterung des Ordnungszustandes (Desorientierung), und es beginnt die Ausbildung eines querorientierten Ordnungszustandes. Bild 15 zeigt den Verlauf der Axialdruckfestigkeit und Bild 16 die Varia-

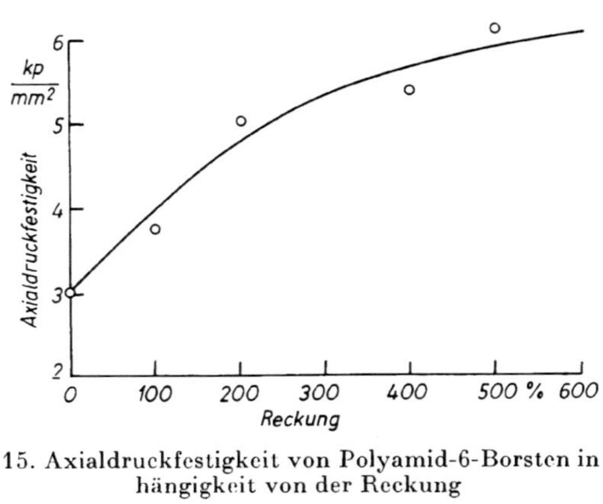

Bild 15. Axialdruckfestigkeit von Polyamid-6-Borsten in Abhängigkeit von der Reckung

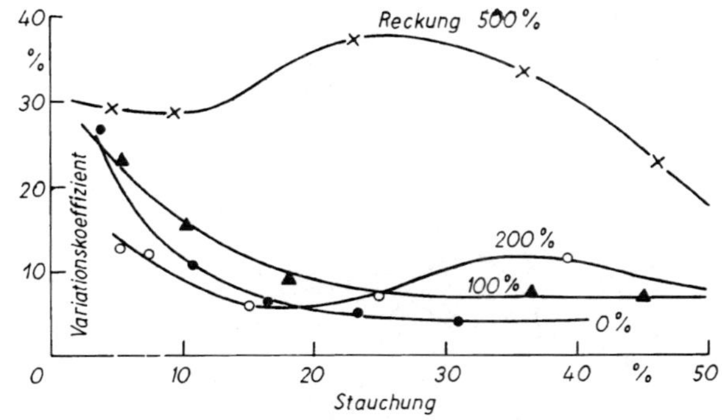

Bild 16. Variationskoeffizienten beim Stauchen verschieden gereckter Polyamid-6-Borsten

tionskoeffizienten, die erst bei größeren Reckungen Maxima aufweisen. Hinsichtlich Bild 4 wäre danach zu folgern, daß die dort angeführten Proben relativ wenig gereckt wurden. Andererseits scheinen wenig fixierte Proben (Bild 7) die Bildung von Variationsmaxima zu begünstigen. Zweifellos lassen sich aus derartigen Kurven auch Rückschlüsse auf die Qualität bzw. Gleichmäßigkeit der Reckung und sonstiger Einflußgrößen ziehen.

Stauchversuche an tierischen Haaren bzw. Borsten

Da der strukturelle Aufbau der tierischen Faserstoffe sich von dem der synthetischen merklich unterscheidet, interessierte das Stauchverhalten auch dieser Materialien. Es sei daran erinnert, daß bei radialer Beanspruchung von Eiweißfäden zwischen Walzenpaaren eine bemerkenswerte Fadenlängung eintritt, während bei den meisten synthetischen Fäden mit steigendem Orientierungsgrad unter sonst gleichen Versuchsbedingungen eine zunehmende Fadenkürzung zu beobachten ist [5].

Wie Bild 17 erkennen läßt, entspricht der Kurvenverlauf prinzipiell dem der synthetischen Borsten. Es fällt aber auf, daß Axialdruckfestigkeit und Elastizitätsmoduli (Tabelle 1) wesentlich über denen der synthetischen Borsten liegen, wobei Schweineborsten und Kuhhaare widerstandsfähiger sind als Roßhaare. Prüft man allerdings 60 min in Wasser gekochtes Roßhaarmaterial, so steigt die Druckfestigkeit um ca. 40% und der Druckelastizitätsmodul um ca. 20% an (Bild 17, Tabelle 2). Kochbehandlungen werden in der borsten-

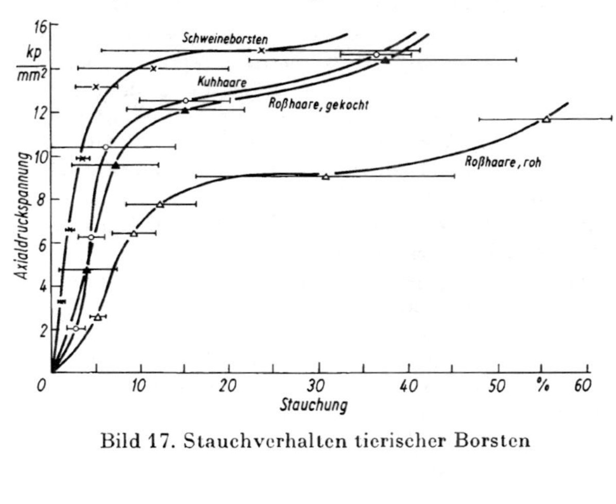

Bild 17. Stauchverhalten tierischer Borsten

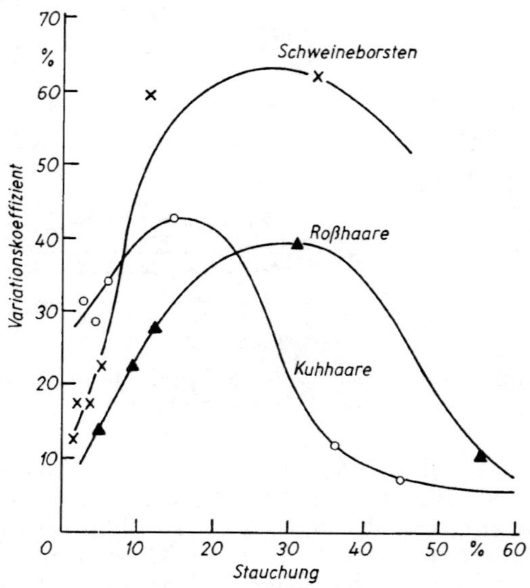

Bild 18. Variationskoeffizienten beim Stauchen tierischer Borsten

verarbeitenden Industrie an tierischen Faserstoffen schon lange vorgenommen, um nicht nur Verunreinigungen zu entfernen, sondern dem Material gleichzeitig eine höhere Steifigkeit zu verleihen.

Auch bei den tierischen Materialien zeigen die Variationskoeffizienten der Stauchung zu Beginn des Fließbereiches Maximalwerte (Bild 18), die für Schweineborsten besonders hoch liegen. Im übrigen weisen die Variationskoeffizienten der tierischen Borsten insgesamt wesentlich höhere Werte als die der synthetischen Borsten auf, was auf die größeren Ungleichmäßigkeiten des gewachsenen Materials zurückzuführen ist. Hinzu kommt noch der Einfluß der unterschiedlichen Beschaffenheit des Markkanals.

Diskussion

Es ist schon länger bekannt, daß bei hoher Orientierung der Struktureinheiten bzw. bei mehr oder weniger parallel liegenden Makromolekülketten im Falle von Querbeanspruchungen die Nebenvalenzbindungen nacheinander im Sinne eines aufziehbaren Reißverschlusses in Anspruch genommen werden, so daß z. B. regenerierte Cellulosefaserstoffe Querfestigkeiten von nur etwa $^1/_{10}$ der Längsfestigkeit [6] besitzen können. Bei den synthetischen Faserstoffen sind die Unterschiede zwischen Längs- und Querfestigkeit nicht so stark ausgeprägt, da es infolge der durch Reckung bzw. Dehnung bewirkten hohen Orientierung der meisten synthetischen Faserstoffe zu einer optimalen Annäherung der Molekülketten und dadurch zur Ausbildung zahlreicher starker Wasserstoffbrücken kommt.

Das Axialdruckverhalten der synthetischen Borstenabschnitte läßt sich zweifellos mit der Querfestigkeit in Verbindung bringen. Auch bei der Druckbeanspruchung, die mit einer tonnenförmigen Ausbauchung verbunden ist, werden die Nebenvalenzbindungen nacheinander in Anspruch genommen. Der schon erwähnten vorausgegangenen Arbeit [1] läßt sich entnehmen, daß zwischen Zugfestigkeit und Axialdruck (gemäß Definition) ein Verhältnis von 4:1 im Falle von Polyamidborsten besteht. Hingegen zeigt sich an nachchlorierten Polyvinylchloridborsten kaum ein Unterschied, was zweifellos auf deren niedrige Zugfestigkeit infolge minimaler Orientierung, bewirkt durch die sperrigen Cl-Atome, und andere Bindungsordnungen zurückzuführen ist. Wenn auch ein Vergleich der beiden Größen problematisch ist, so dürfte er die bestehende Tendenz doch hinreichend charakterisieren.

Die große Axialdruckspannung und der im Vergleich zu den Polyamid- und Polypropylen-Proben hohe Kurvenverlauf von Polyvinylchlorid in Bild 3 dürften darin begründet liegen, daß das Stauchen vorwiegend ungeordneter Makromoleküle mit deren willkürlichen Verknüpfungsstellen mehr Kraft erfordert als eine Stauchung an vorwiegend orientierten Makromolekülen. Es liegt also eine mehr bauschartige Struktur im Polyvinylchlorid vor, was auch erklärlich macht, daß ein beachtlich hoher Stauchelastizitätsmodul (Tabelle 1) festgestellt wurde.

Daß mit zunehmender Fixierintensität (Bild 5) Axialdruckspannung und Kurvenverlauf ansteigen, ist auf eine innere Strukturverfestigung zurückzuführen, bedingt durch die bei der Fixierung eingetretene Entspannung bzw. Neubildung der Nebenvalenzbindungen (Energieminimum), weshalb nunmehr zur Deformation und schließlich zur Aufhebung der zwischenmolekularen Bindungen mehr Energie erforderlich ist. Beim Quellungs- bzw. Lösungsverhalten ist bekanntlich die gleiche Tendenz zu beobachten. Die Verminderung des Variationskoeffizienten der Stauchung in Abhängigkeit von der Fixierzeit (Bild 7 und 8) ist damit erklärbar, daß eine längere Fixierzeit den inneren Spannungsausgleich begünstigt.

Umgekehrt liegen die Verhältnisse bei der Wässerung der Polyamidborsten (Bild 9). Infolge der Aufquellung unterliegen die Nebenvalenzbindungen einer zunehmenden Dehnung bzw. Anspannung, so daß zum Aufheben der zwischenmolekularen Bindungen immer weniger Energie benötigt wird.

In analoger Weise lassen sich die Wirkungen mechanischer Vorbeanspruhungen (Dehnen, Tordieren, Biegen usw.) erklären. Auch hier werden die zwischenmolekularen Bindungen vorbeansprucht, so daß zur endgültigen Trennung weniger Energie erforderlich ist (Bilder 11, 12, 13).

Die in Bild 14 gezeigte Wirkung des Reckens ist zweifellos auf die wachsende Orientierung und die damit zunehmende Möglichkeit der Ausbildung zwischenmolekularer Bindungen zurückzuführen. Die Situation am ungereckten Material ist hier anders als bei dem minimal orientierten Polyvinylchlorid (Bild 3) einzuschätzen, das infolge der Cl-Atome zähere bzw. beständigere Bausche bilden dürfte, deren Verformung wesentlich größere Kräfte erfordert.

Zum Stauchverhalten der tierischen Haare bzw. Borsten, die keine hohe Zugfestigkeit aufweisen, ist zu bemerken, daß deren relativ großer Stauchwiderstand (Bild 17) auf die strukturelle Anordnung der Polypeptidketten zurückzuführen ist. Bekanntlich liegt im Normalzustand eine schraubenförmige Anordnung der Polypeptidketten (Helix-Struktur) vor, die dem Axialdruck offenbar einen wesentlich höheren Widerstand entgegensetzt als die Makromoleküle bzw. Struktureinheiten in allen anderen organischen Faserstoffen. Kommt noch eine Heißwasserbehandlung und damit offensichtlich eine Schrumpfung und Versteifung hinzu, so steigt der Stauchwiderstand noch beträchtlich an (gekochtes Roßhaar, Bild 17). Offensichtlich kommt es im Sinne der Superkontraktion von Wolle bei dieser Kochbehandlung zur Lockerung bzw. Lösung von neben- bzw. hauptvalenten Bindungen, die normalerweise ein weiteres Zusammenstauchen der α-Helix verhindern.

Die Erkenntnisse über das Stauchverhalten der Faserstoffe lassen sich für die Deutung des strukturellen Aufbaus der Faserstoffe nutzen und auch mit anderen Theorien verknüpfen. Es sei nur darauf hingewiesen, daß z. B. *D. A. Zaukelis* [7] bei Stauchversuchen von zylinderförmigen Polyamidproben mit einem Instron-Zugprüfgerät die Stauchverformung an Hand von Gleitvorgängen — ähnlich dem Verhalten von Metallen — zu deuten versuchte. Dabei betrachtete er den Faserstoff als vollkommen kristallinen Körper, der eine große Anzahl von Fehlstellen, Vernetzungen und Korngrenzen aufweist. Es war ihm möglich, an PA-6.10-Borsten Deformations- und Knickbänder mikrofotografisch nachzuweisen. Auch andere Autoren haben in dieser Richtung Untersuchungen angestellt und Spaltflächen und Knickbänder nachgewiesen.

Die vorgelegten Versuche und deren Deutung sollten vorerst nur beweisen, daß die Axialdruckprüfung recht gut in der Lage ist, technologisch bedingte Strukturveränderungen empfindlicher zu erfassen als mittels der üblichen Zugversuche. Dabei zeigte sich auch, daß es möglich ist, mit den vorhandenen Erkenntnissen über den strukturellen Aufbau der Faserstoffe eine Grobdeutung der Auswirkung technologischer Einwirkung auf die Faserstoffsubstanz zu geben. Es muß in weiteren Arbeiten versucht werden, diese Prüfmethode methodisch bzw. apparativ so zu verfeinern, daß auch Fasern bzw. Elementarfäden geprüft werden können. In Verbindung damit lassen sich dann auch detailliertere Strukturuntersuchungen über die Fasersubstanz vornehmen.

Zusammenfassung

Vergleichende Axialstauchversuche an Borstenabschnitten ließen erkennen, daß tierische Faserstoffe den synthetischen hinsichtlich der Axialdruckfestigkeit weit überlegen sind, was offensichtlich auf die Helix-Struktur der Polypeptidketten in den tierischen Faserstoffen zurückzuführen ist.

Mit steigender Fixierintensität nimmt auch die Axialdruckfestigkeit an Polyamiden zu. Mit steigendem Quellungsgrad (Wässerungsdauer) nehmen Axialdruckfestigkeit und E-Modul an Polyamiden ab. Je intensiver mechanische Vorbeanspruchungen (Dehnung, Tordierung, Biegung) an Polyamiden waren, um so stärker nimmt die Axialdruckfestigkeit ab.

Je höher gereckt die Polyamidborsten vorlagen, um so größer wurde die Axialdruckfestigkeit. Ungerecktes Material zeigte mit einer leicht gekrümmten Kurve eine eindeutige Abweichung von der für alle geprüften Materialien typischen Druckspannungs-Stauchungs-Kurve.

Sämtliche technologisch bedingten Kurven- bzw. Werteänderungen lassen sich an Hand der normalen Kenntnisse über den strukturellen Aufbau der Faserstoffe deuten.

Die Axialdruckprüfung wird als empfindlicher und aussagekräftiger als die Zugprüfung hinsichtlich der Klärung struktureller Vorgänge bei technologisch bedingten Faserstoffveränderungen eingeschätzt.

Literatur

[1] *Bobeth, W., Luczai, H., Päßler, H.,* und *Tausch-Marton, H.:* Untersuchung des axialen Druckverhaltens von Faserstoffen. Faserforsch. u. Textiltechnik **18** (1967) S. 547—553.

[2] *Bobeth, W.:* Nutzanwendung hoher Drücke in der Spinnerei. Dt. Textiltechnik **14** (1964) S. 118—127.

[3] *Bobeth, W.,* und *Vollrath, L.:* Zum Deformationsverhalten von Faserstoffen bei Quetschbeanspruchung. Faserforsch. u. Textiltechnik **14** (1963) S. 431—439; 489—494.

[4] *Bobeth, W.,* und *Päßler, H.:* Zum Verhalten von Fäden bei Druckbeanspruchungen durch Walzen. Faserforsch. u. Textiltechnik **19** (1968) S. 418—422; 441—446; 514 bis 518.

[5] *Bobeth, W.:* Untersuchungen über das Quetschverhalten von Textilfaserstoffen. Melliand-Textilber. **40** (1959) S. 913—918.

[6] *Stoll, R.,* und *Rall, E.:* Die Qualitätsprüfung von Zellwollen unter besonderer Berücksichtigung der durch Verstreckung erzielbaren Veränderungen der physikalischen Eigenschaften. Melliand Textilber. **20** (1939) S. 734—737; 783—787.

[7] *Zaukelis, D. A.:* Observation of slip in nylon 66 und 610 and its interpretation in terms of a new model. J. appl. Physics **33** (1962) S. 2797.

Eingegangen am 17. Juli 1969

Untersuchungen zur Nitrierung des Holzes der Fichte (Picea excelsa Lk.)

3. Versuche mit dem Nitriergemisch von Alexander und Mitchell[1])

Siegfried Poller und Gerhard Patscheke

Deutsche Akademie der Landwirtschaftswissenschaften zu Berlin, Institut für Forstwissenschaften in Eberswalde

DK 674.032.13:542.958.1:547.458.82:541.124:541.127.1

Die Veränderungen des stofflichen Umsatzes und der Polymerisationsgrade der Nitrocellulosen bei der Direktnitrierung von Fichtenholz mit der Nitriersäure von *Alexander* und *Mitchell* werden in Abhängigkeit von Reaktionszeit und -temperatur untersucht.

Исследования по нитрированию древесины ели (Picea excelsa Lk.)
3. Применение нитрующей смеси, предложенной Александром и Митчеллом

Изучены изменения степени замещения и СП нитроцеллюлозы в зависимости от продолжительности и температуры реакции при непосредственном нитровании еловой древесины с применением нитрующей смеси Александра и Митчелла.

Investigations on the Nitration of Spruce Wood (Picea excelsa Lk.)
3. Experiments with Alexander-Mitchell Nitration Mixtures

The effects of time and temperature of reaction on the changes in yield and degree of polymerization in direct nitration experiments with spruce wood, using Alexander-Mitchell nitration acids, have been investigated.

1. Einleitung

Nachdem im Rahmen von Untersuchungen über die Direktnitrierung des Holzes in einer ersten Mitteilung [13] über Versuche mit dem Staudinger/Mohrschen Nitriergemisch (Mischung S) [15] und in einer zweiten Mitteilung [6] über die Reinigung von ungenügend aufgeschlossenen Nitrohölzern berichtet wurde, soll im folgenden die Wirkung der *Alexander/Mitchell*schen Nitriersäure (Mischung M) untersucht werden. Dieses Nitriergemisch [1] hat folgende Zusammensetzung: 64% HNO_3, 26% H_3PO_4, 10% P_2O_5. Es enthält mehr Salpetersäure als die *Staudinger/Mohr*sche Mischung und ist daher leichtflüssiger. Dadurch kann die Säure leichter ins Holzpartikel eindringen und gleichmäßiger durchreagierte Nitrohölzer erzeugen. Es ist daher zu erwarten, daß sie bei der Direktnitrierung von Holz günstigere Ergebnisse liefern wird als die Mischung S. Ihre bevorzugte Anwendung bei der Holznitrierung (z. B. [2, 4, 5, 8, 10, 14, 16]) kann als Bestätigung dieser Auffassung angesehen werden. Die detaillierte Prüfung der beim Einsatz der *Alexander/Mitchell*schen Nitriersäure stattfindenden stofflichen Veränderungen besitzt daher ebenso wie die Untersuchung der unter verschiedenen Versuchsbedingungen zu erreichenden Polymerisationsgrade der isolierten Holzcellulosenitrate besonderes Interesse.

[1]) Teil 2 s. [6]

2. Versuchsdurchführung

Als Ausgangsmaterial für die Versuche diente das bereits in der 1. Mitteilung beschriebene Fichtenholz. Die Nitrierung des nach [13] aufbereiteten Holzes mit der *Alexander/Mitchell*schen Nitriersäure erfolgte nach den schon früher von *Poller* [10] mitgeteilten Prinzipien. An der gleichen Stelle wurde auch die Isolierung der Cellulosenitrate aus den Nitrohölzern beschrieben. Zur Stickstoff-Bestimmung der Nitrohölzer und Cellulosenitrate vergleiche die Angaben in [7]

Tabelle 1. Nitrierung in Abhängigkeit von Zeit und Temperatur

Probe	Nitrier- temp. °C	Nitrier- zeit h	Ausbeute %	N-Gehalt %	Nitrierverlust in % insges.	b. d. eigentlich. Nitrierung gelöst	wasser- lösl.	methanol- lösl.
1	2	3	4	5	6	7	8	9
M1	0	1	141,0	12,0	13,4	4,4	1,7	7,3
M2	0	12	128,7	12,4	22,6	13,1	2,0	7,5
M3	0	24	128,1	12,8	24,6	15,6	1,9	7,1
M4	0	36	121,9	12,7	27,9	16,2	2,7	9,0
M5	0	48	121,2	12,8	28,7	18,6	2,0	8,1
M6	0	72	116,0	12,6	31,0	20,1	2,7	8,2
M7	0	96	115,1	12,6	31,5	19,8	2,1	9,6
M8	0	120	114,7	12,6	31,8	19,5	2,6	9,7
Ma	20	1	133,2	12,4	19,9	11,0	1,7	7,2
Mb	20	12	119,2	12,4	28,3	16,0	2,5	9,8
Mc	20	24	115,6	12,8	32,0	19,7	2,6	9,7
Md	20	36	113,8	12,8	33,0	21,2	2,6	9,2
Me	20	48	111,2	12,9	34,9	22,7	2,2	10,0
Mf	20	72	108,9	12,8	35,9	24,6	2,2	9,1
Mg	20	96	107,6	13,0	37,4	25,4	2,5	9,5
Mh	20	120	107,1	12,8	37,0	24,7	1,5	10,8

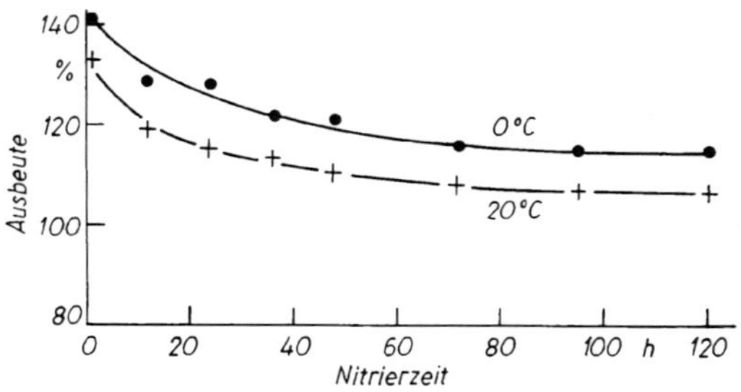

Bild 1. Abhängigkeit der Nitroholzausbeute von Nitrierzeit und -temperatur

bzw. [10]. Desgleichen muß zur Methodik der Polymerisationsgradbestimmung auf bereits erschienene Arbeiten verwiesen werden [11, 12].

3. *Stoffliche Veränderungen bei der Nitrierung in Abhängigkeit von Zeit und Temperatur*

Die Ergebnisse der bei 0 und 20 °C angestellten Nitrierversuche sind in Tabelle 1 wiedergegeben. Man entnimmt daraus, ebenso wie aus Bild 1, daß die Ausbeute an Nitroholz mit zunehmender Nitrierdauer zunächst deutlich abfällt, um schließlich nach etwa 70 h bei 0 °C mit ca. 115% und bei 20 °C mit ungefähr 108% nahezu einen Endzustand zu erreichen. Der Stickstoffgehalt (N-Gehalt) der Nitrohölzer beträgt 12,0... *12,7*... 13,0%. Ein Gang der N-Werte ist nicht zu erkennen. Die mit sinkender Ausbeute ansteigenden Nitrierverluste liegen mit Ausnahme der kurzzeitigen Nitrierungen meist etwas über dem Prozentgehalt des Holzes an Lignin.

Der Nitrierverlust gibt den auf Ausgangsholz bezogenen Substanzverlust beim Nitrieren einschließlich aller Waschvorgänge gemäß [10] an. Er setzt sich daher entsprechend der Aufgliederung in Tabelle 1 wie folgt zusammen: Ein Teil des Holzes wird durch den eigentlichen Nitrierprozeß bis einschließlich Waschung mit 50%iger Essigsäure und einfacher Nachwaschung mit Wasser [10] herausgelöst. Ein weiterer Teil wird durch die mehrtägige Wasserbehandlung und ein letzter Teil durch die Methanolwaschung in Lösung gebracht. Wasser- und methanollöslicher Anteil wurden experimentell bestimmt, die durch die eigentliche Nitrierung gelöste Substanzmenge errechnete sich aus der Differenz zum Gesamtnitrierverlust.

Die durch den Nitriervorgang bis einschließlich Waschung mit 50%iger Essigsäure und einfacher Spülung mit Wasser [10] gelöste Substanz läßt sich aus dem Gemisch von Nitriersäure und Waschflüssigkeit beim Verdünnen mit Wasser in kolloidaler Form ausfällen. Die verbrauchte Nitriersäure selbst soll nach Angaben von *Snyder* und *Timell* [14] (Holz von Abies balsamea) sowie von *Haas* und *Teves* [3] (Fichtenzellstoff) keine Kohlenhydrate enthalten. In der verbrauchten Nitriersäure von Pinus halepensis und Eucalyptus rostrata waren jedoch neben Nitrolignin (NL) kleine Mengen Zucker nachweisbar [4]. Die Zahlen der Spalte 7 von Tabelle 1 lassen erkennen, daß der fragliche Substanzanteil mit intensiver werdender Nitrierung ansteigt und nach etwa 72 h mit ca. 20% bei 0 °C und ca. 25% bei 20 °C einen annähernd konstanten Wert erreicht. Wie bereits besprochen, bleiben in demselben Bereich auch die Nitrierausbeuten ungefähr auf gleicher Höhe.

Der N-Gehalt der wasserlöslichen Anteile wurde an einer Mischung der Einzelproben ermittelt. Er beträgt 7,8%. Rechnet man die wasserlöslichen Anteile auf nitratfreie Substanz um und bezieht auf das ursprüngliche Holz, so zeigt sich (Tabelle 1), daß durch die Wasserbehandlung 1,5... *2,2*... 2,7% des ursprünglichen Holzes erfaßt wurden. Ein Gang der Zahlen in Abhängigkeit von Nitrierzeit und -temperatur ist nicht zu erkennen. Auch der methanollösliche Anteil liegt bei allen Proben etwa in der gleichen Größenordnung. Man erhält 7,1... *8,3*... 9,7% bei 0 °C und 7,2... *9,4*... 10,8% bei 20 °C. Die Methanolwaschung des nitrierten Holzes war somit insgesamt etwa viermal wirksamer als die Wasserwaschung. Die Lösungen der Methanolextrakte in konz. heißer Salzsäure zeigten durch eine schwache *Fehling*-Reaktion die Anwesenheit von Kohlenhydraten an. Die bei allen Einzelproben bestimmten N-Gehalte der methanollöslichen Substanzen schwankten relativ wenig im Bereich von 8,2 bis 10,0%. Der Durchschnitt beider Versuchsreihen lag bei 9,5%.

Legt man die Durchschnittswerte zugrunde, so wurden insgesamt durch die auf den Nitriervorgang folgenden Waschprozesse bei 0 °C 10,5% und bei 20 °C 11,6% des ursprünglichen Holzes entfernt.

Die zur Trockne eingedampften Methanol- und Wasserextrakte waren gelb bis braun gefärbt und meist von pulvriger Beschaffenheit. Die mit Wasser extrahierten Substanzen hatten durchweg eine etwas dunklere Farbe.

4. *Erfaßte Stoffanteile*

Die Ergebnisse der Löse- und Fällversuche zeigt Tabelle 2. Daraus ist ebenso wie aus Bild 2 ersichtlich, daß die in Aceton gelösten Anteile des Nitroholzes mit der Zeitdauer der Nitrierung ansteigen. Nachdem, wie schon beschrieben, nach 72 h ein gewisser Endzustand der Nitrierreaktion erreicht ist, wird zumindest bei 20 °C auch eine etwa gleichbleibende Löslichkeit von ca. 94% erzielt.

Setzt man das Acetongelöste in Beziehung zur Ausbeute, so resultieren die Kurven auf Bild 3. Daraus geht hervor, daß die Löslichkeit der Nitrohölzer sowohl bei den 0 °C-Nitrierungen als auch bei den 20 °C-Nitrie-

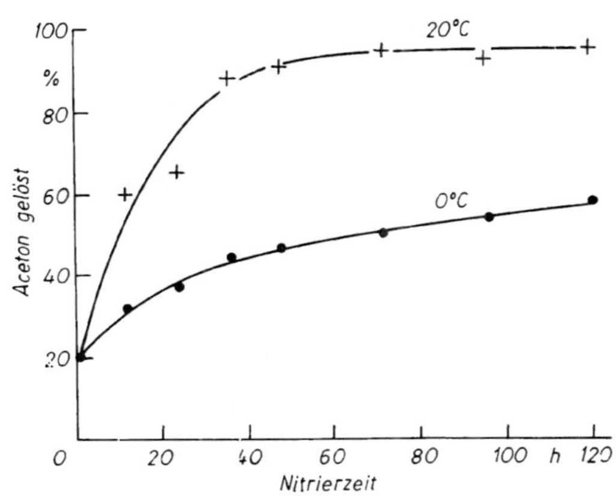

Bild 2. Abhängigkeit des in Aceton gelösten Nitroholzanteiles von der Nitrierzeit bei Nitriertemperaturen von 0 °C und 20 °C

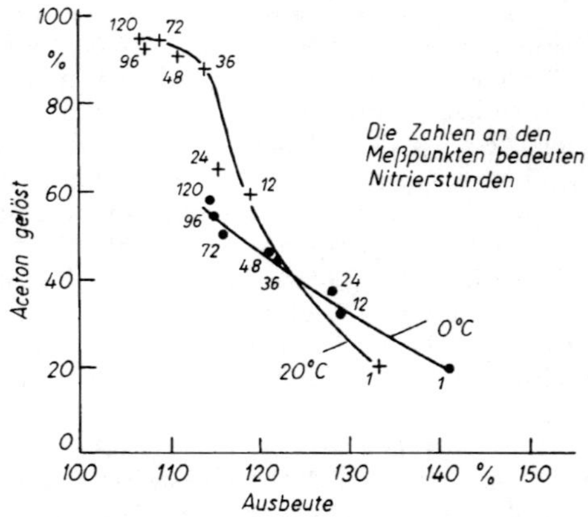

Bild 3. Abhängigkeit des in Aceton gelösten Nitroholzanteiles von der Nitrierausbeute bei Nitriertemperaturen von 0 °C und 20 °C

rungen mit sinkender Ausbeute schnell ansteigt. Da die gleiche Ausbeute bei 0 °C im Vergleich zu 20 °C erst bei längerer Einwirkung erreicht wird, kann man auf den großen Einfluß der Temperatur bei der Nitrierung schließen. Kurze Nitrierung bei höherer Temperatur liefert demnach ein besser lösliches Produkt als langdauernde Nitrierung bei niedriger Temperatur. Die in einigen Fällen bestimmten N-Gehalte der nicht in Aceton löslichen Rückstände (M 2 = 12,4% / M 4 = 12,3% / M 5 = 12,3% / M 8 = 12,2%) liegen meist etwas unter denen der Nitrohölzer. Über die Fällung der Nitrocellulose (NC) mit Wasser sind Einzelheiten den Spalten 3 bis 6 der Tabelle 2 zu entnehmen. Der ausgefällte Anteil in % des Gelösten steigt von ca. 34% nach 1 h Nitrierung auf 60% nach 120 h Nitrierung bei 0 °C an. Rund die Hälfte der bei den 0 °C-Nitrierungen mit Aceton herausgelösten Substanz war also sehr niedermolekular. Bei den 20 °C-Nitrierungen liegt der NC-Anteil zwischen 53% (1 h) und 77% (120 h) des Gesamtgelösten. Aus Spalte 4 geht hervor, daß bei 0 °C maximal nur 34,7% des Nitroholzes, bei 20 °C aber 72,6% in Form von NC erfaßt wurden.

Die N-Gehalte der ausgefällten Cellulosenitrate liegen bei 13,50... *13,6*... 13,74%. Ein Gang der Werte in Abhängigkeit von Nitrierzeit und -temperatur ist nicht zu erkennen. Berechnet man die den ausgefällten NC entsprechenden Celluloseanteile und bezieht auf das ursprüngliche Holz, so resultieren die Zahlen der Spalte 6. Sie steigen bei 0 °C von ca. 5% nach 1 h Nitrierung auf ca. 22% nach 120 h Nitrierung an. Als wesentlich wirksamer erwies sich die Nitrierung bei 20 °C. Bei einer Nitrierzeit von 1 h wurde mit etwa 8% nur wenig mehr als bei 0 °C isoliert. Dann steigen die Werte rasch an und werden nach 36 h mit rund 43 bis 44% annähernd konstant.

Die kolorimetrisch bestimmten Nitrolignin-Gehalte der Nitroholzlösungen [9] (Spalte 7) nehmen mit wachsender Nitrierintensität ab. Bei 0 °C liegen die Werte zwischen 11% nach 1 h Nitrierung und ca. 2% nach 120 h Nitrierung. Die entsprechenden Zahlen für die 20 °C-Reihe lauten 12% und 0,5%.

5. *Die Ergebnisse der Polymerisationsgradbestimmungen*

sind in Tabelle 3 zusammengefaßt.

Wir betrachten zunächst die $[\eta]_{1300}$-Werte der 0 °C-Reihe. Bild 4 zeigt, daß die Viskositätszahlen mit zunehmender Nitrierzeit anfangs ansteigen, dann zwischen 24 h und 70 h etwa konstant bleiben und bis 120 h wieder anwachsen. Bei 20 °C erreichen sowohl die $[\eta]_{1300}$- als auch die $[\eta]'_{1300}$-Werte nach einem steilen Anstieg ein Maximum bei 36 h Nitrierzeit. Darüber hinaus nehmen die Werte wieder ab.

Die anfängliche Zunahme der Viskositätszahlen mit der Nitrierzeit weist darauf hin, daß zunächst niedrigermolekulare, im weiteren Verlauf der Nitrierung aber zunehmend höhermolekulare Holzcellulosen durch die Nitrierung acetonlöslich werden. Deutlicher zeigt dies Bild 5, in dem die $[\eta]_{1300}$-Werte in ihrer Beziehung zu

Tabelle 2. Relative Acetonlöslichkeit und Nitrocellulosefällungen mit Wasser

Probe	Acetongelöstes in % des Nitroholzes	Gesamt-NC in % d. Gel.	Gesamt-NC in % d. Nitroholzes	N-Gehalt in %	Cellulose in % d. urspr. Holzes	Nitrolignin in % des Gelösten
1	2	3	4	5	6	7
M 1	19,5	33,6	6,6	—*	5,2	11,2
M 2	32,0	37,8	12,1	—*	8,8	7,4
M 3	37,2	47,2	17,6	13,71	12,6	4,9
M 4	44,0	54,6	24,0	13,68	16,4	4,8
M 5	46,2	54,9	25,4	13,63	17,3	2,3
M 6	49,8	57,1	28,4	13,68	18,5	2,0
M 7	54,0	58,3	31,5	13,59	20,4	2,3
M 8	57,5	60,3	34,7	13,60	22,4	1,7
Ma	20,0	52,5	10,5	—*	7,9	12,0
Mb	60,0	56,5	33,9	13,65	22,7	3,8
Mc	65,3	63,7	41,6	13,74	26,9	2,3
Md	87,9	76,7	67,4	13,64	43,0	2,7
Me	90,5	74,3	67,2	13,55	42,2	1,0
Mf	94,8	76,2	72,2	13,60	44,3	1,2
Mg	92,6	77,9	72,2	13,63	43,6	0,5
Mh	94,7	76,7	72,6	13,50	44,0	0,5

* zu wenig Substanz, weitergerechnet mit 13,6% N

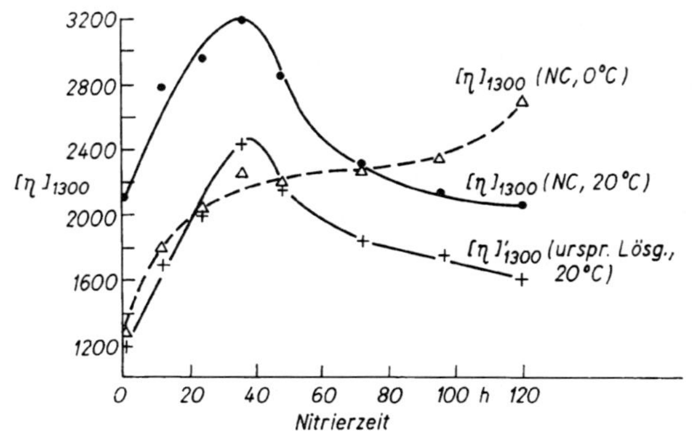

Bild 4. Zusammenhang zwischen $[\eta]_{1300}$ bzw. $[\eta]'_{1300}$ und der Nitrierzeit bei Nitriertemperaturen von 0 °C und 20 °C

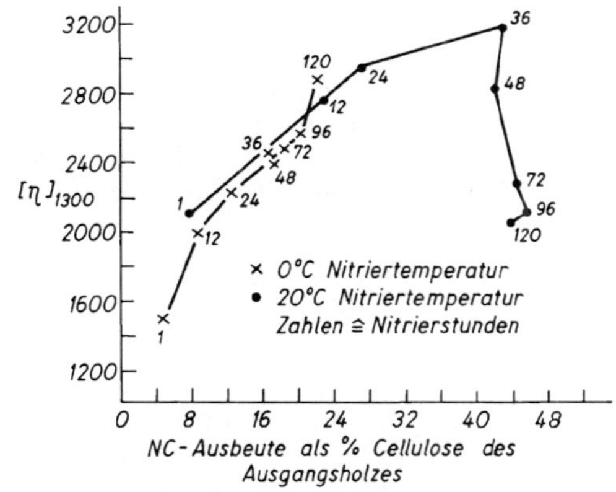

Bild 5. $[\eta]_{1300}$ in Abhängigkeit von der auf Ausgangsholz bezogenen Celluloseausbeute bei Nitriertemperaturen von 0 °C und 20 °C

den NC-Ausbeuten, ausgedrückt in % Cellulose des Ausgangsholzes, wiedergegeben werden. Man sieht, daß bei 0 °C im Verlaufe zunehmender Nitrierzeiten mit dem Anwachsen der acetonlöslichen NC die Viskositätszahlen in leichter Krümmung stark ansteigen und nach 120 h Nitrierzeit etwa 22% Holzcellulose als NC mit $[\eta]_{1300} = 2890$, entsprechend $P_{w\eta} = 4940$ in Lösung gebracht sind. Da somit nur etwa die Hälfte der im Holz vorhandenen Cellulosen aufgeschlossen worden ist, muß die Nitrierung bei 0 °C als unbefriedigend bezeichnet werden.

Bei einer Nitriertemperatur von 20 °C steigt der in Form von NC erfaßte Holzcelluloseanteil in 36 h Nitrierzeit bis zu 43% der Masse des Ausgangsholzes an und erfaßt somit etwa die gesamte im Ausgangsholz vorhandene Cellulosekomponente. Dabei nimmt die Viskosität der gelösten NC bis zu einem Maximalwert von $[\eta]_{1300} = 3200$, entsprechend $P_{w\eta} = 5640$ zu. Bei längeren Nitrierzeiten kann nunmehr keine weitere NC in Lösung gehen. Jetzt macht sich die abbauende Wirkung des Nitriervorganges bemerkbar, indem bei konstant bleibender NC-Ausbeute die Viskositäten bis zu $[\eta]_{1300} = 2060$, entsprechend $P_{w\eta} = 3200$ nach 120 h Nitrierzeit, steil abfallen. Man darf annehmen, daß der sich nach 36 h so eindeutig anzeigende Abbauprozeß auch vorher schon während des Inlösungbringens zunehmend höhermolekularer Holzcellulosen wirksam ist, so daß die in den einzelnen Nitrierstufen ermittelten Molekülgrößen durch den Abbau mitbeeinflußt sind. Wieweit dieser Abbau vor sich gegangen ist, und wieweit die längs der ansteigenden Kurven des Bildes 5 ermittelten Molekülgrößen von den ursprünglichen Molekülgrößen der nativen Holzcellulose entfernt sind, kann nicht angegeben werden. Vergleicht man jedoch die Viskositätszahlen der Nitrierungen bei 0 und 20 °C bei gleichen NC-Ausbeuten, so liegen die der 0 °C-Reihe unter denen von 20 °C (Ausnahme bei 120 h). Das bedeutet, daß in diesem Bereich die Nitrierung bei 0 °C und längeren Nitrierzeiten einen stärkeren Abbau brachte als eine intensivere, aber kürzere Nitrierung bei 20 °C.

In der Tabelle 3 sind weiterhin die auf einen N-Gehalt von 13,8% korrigierten Viskositätszahlen mit den dazu-

Tabelle 3. Polymerisationsgrade bei verschiedenen Nitrierbedingungen

Probe	Nitrier- temp. °C	Nitrier- zeit h	$[\eta]'_{1300}$	$[\eta]_{1300}$	P_{wn}	$[\eta]_{1300N}$	P_{wnN}
1	2	3	4	5	6	7	8
M 1	0	1		1480	2090	1610	2330
M 2	0	12		2000	3080	2190	3460
M 3	0	24		2230	3540	2320	3720
M 4	0	36		2450	4000	2590	4290
M 5	0	48		2400	3890	2600	4310
M 6	0	72		2480	4060	2620	4360
M 7	0	96		2560	4230	2840	4830
M 8	0	120		2890	4940	3110	5430
Ma	20	1	1200	2100	3280	2300	3680
Mb	20	12	1700	2770	4680	2980	5140
Mc	20	24	2000	2960	5100	3040	5280
Md	20	36	2450	3200	5640	3520	6380
Me	20	48	2150	2830	4810	3400	6100
Mf	20	72	1850	2280	3640	2500	4100
Mg	20	96	1750	2130	3340	2300	3680
Mh	20	120	1610	2060	3200	2380	3850

gehörigen Polymerisationsgraden angegeben. Die korrigierten Werte liegen alle etwas höher als die nichtkorrigierten. Die Kurven in Bild 4 und 5 behalten somit ihren Charakter, sie würden nur etwas verschoben werden. Der Endwert der 0 °C-Kurve nach 120 h Nitrierzeit erhöht sich auf $[\eta]_{1300\mathrm{N}} = 3110$, entsprechend $P_{w\eta\mathrm{N}} = 5430$, das Maximum der 20 °C-Kurve bei 36 h Nitrierzeit auf $[\eta]_{1300\mathrm{N}} = 3520$, entsprechend $P_{w\eta\mathrm{N}} = 6380$.

6. *Diskussion*

Als Ergebnis der Versuche bezüglich des stofflichen Umsatzes verdient die Dreiteilung der Holzsubstanz als Folge des Nitrierprozesses hervorgehoben zu werden, worüber schon in einer früheren Arbeit [8] kurz berichtet wurde. Danach resultieren bei der Nitrierung:

— ein unmittelbar im Nitriergemisch löslicher Anteil, der von der Intensität der Nitrierung abhängig ist,
— ein mit Methanol und Wasser schwerer in Lösung zu bringender Anteil, dem unabhängig von der Nitrierintensität rund 11% der ursprünglichen Holzsubstanz zugehören,
— ein resistenter Anteil (das Nitroholz), dessen Menge von der Nitrierintensität abhängig ist und der aus Cellulosenitrat, Holzpolyosenitrat und Nitrolignin besteht. Das Mengenverhältnis dieser Bestandteile hängt von der Nitrierintensität ab.

Das Nitroholz läßt sich weiter aufspalten in

— einen acetonlöslichen Anteil, dessen Menge von der Nitrierintensität abhängt und
— einen unlöslichen Rückstand, der aus einem übermolekularen Komplex von Nitrolignin und Kohlenhydratnitrat besteht.

Man könnte annehmen, daß bei milden Nitrierbedingungen (0 °C, kurze Nitrierzeiten) der Abbau der Holzcellulosen gering bleibt und so am sichersten die native Holzcellulose in ihrer ursprünglichen Molekülgröße erfaßt werden kann. Dem steht die Tatsache gegenüber, daß im Bereich milder Nitrierbedingungen bei wachsender Nitrierintensität zunehmend mehr und höhermolekulare Cellulosen in Lösung gebracht werden. Offenbar ist also eine über die eigentliche Nitrierung der Substanz hinausgehende Einwirkung der Nitriersäure erforderlich, um die Holzcellulose als NC in eine lösliche Form überzuführen. Jedenfalls sind bei milden Nitrierbedingungen die isolierbaren Celluloseanteile zu gering.

Andererseits ist durch die vorliegenden Versuche bewiesen, daß bei intensiveren Nitrierbedingungen (20 °C, über 36 h) ein Molekülabbau der Holzcellulose eintritt.

Über Abbauwirkungen bei der Holznitrierung unterrichtet auch ein Vergleich mit den Werten, die *Timell* [16] unter Verwendung desselben Nitriergemisches bei Picea glauca erhielt. Der Maximalwert von $[\eta]_{500k}$[1] $= 2850$ wurde bereits nach 15 h (17 °C) bei einer auf Holz bezogenen Celluloseausbeute von 12,5% erreicht und blieb dann bei gleichzeitigem Anwachsen des erfaßten Substanzanteiles 10 h auf etwa der gleichen Höhe. Setzt man den genannten Wert und den in unserer Untersuchung bei 20 °C erhaltenen Maximalwert von $[\eta]_{1300} = 3200$ gleich 100, so ergibt sich im weiteren Verlauf der Nitrierung vergleichsweise folgendes Bild: Nach 48 h (47 h bei *Timell*) betrug die gemessene Viskositätszahl 88,4% (86,0%) und nach 72 h (75 h bei *Timell*) noch 71,2% (62,8%) des Höchstwertes. Nach 120 h Nitrierung war die Viskositätszahl auf 64,4% (bzw. 47,4%) des Ausgangswertes abgesunken. Einen Abfall der Polymerisationsgrade (Berechnungsmethode?) von 3000 auf 2600 (87% des Ausgangswertes) nach 20 bis 25 h Nitrierung bei Eucalyptus rostrata und von 2100 auf 1400 (67% des Ausgangswertes) nach 10 bis 20 h Nitrierung bei Pinus halepensis fanden *Lewin* und *Epstein* [4]. Die Autoren berichteten [5], daß ein Abbau auch bei einer Reaktionstemperatur von nur 3 °C nicht verhindert werden kann.

Bei Abies balsamea [14] blieben die Viskositätszahlen im Verlaufe von 96 h Einwirkung des Nitriergemisches *M* nahezu gleich. Daraus folgt, daß der Einfluß des untersuchten Materials erheblich sein kann. Jedoch ist auch die experimentelle Durchführung der Nitrierung im einzelnen von Bedeutung.

Aus unseren Versuchen in der 0 °C-Reihe folgt, daß etwa 22% der Fichtenholzcellulose, das sind rund 50% der insgesamt im Holz vorhandenen Cellulose, mit einem $[\eta]_{1300}$-Wert von ca. 2900 als NC gelöst wurden. Es ist anzunehmen, daß der ungelöste Rückstand im Verhältnis mehr höhermolekulare Celluloseanteile enthält. Für die native Gesamtcellulose sind Viskositätszahlen zu erwarten, die noch über dem bei 20 °C gewonnenen Höchstwert von $[\eta]_{1300} = 3200$, entsprechend $P_{w\eta\mathrm{N}} = 6380$, liegen, da dieser Wert, wie in Abschnitt 5 ausgeführt, wahrscheinlich auch noch durch einen gewissen Abbau erniedrigt ist.

[1]) Viskositätszahl bei konstantem Geschwindigkeitsgefälle von $500 s^{-1}$.

7. *Zusammenfassung*

In der vorliegenden Arbeit wurde die Nitrierung von Fichtenholz mit dem Nitriergemisch von *Alexander* und *Mitchell* bei verschiedenen Reaktionszeiten und -temperaturen untersucht.

Die Nitrierreaktion erreichte sowohl bei 0 °C als auch bei 20 °C nach ca. 70 h einen Endzustand, der durch ungefähr gleichbleibende Nitroholzausbeuten (108% bei 20 °C und 115% bei 0 °C) und Acetonlöslichkeiten (besonders bei 20 °C in Höhe von ca. 94%) der Nitrohölzer gekennzeichnet war. Der Stickstoffgehalt des nitrierten Holzes betrug im Mittel 12,7%. Seine Löslichkeit in Aceton nahm mit zunehmender Ausbeute ab. Kurze Nitrierung bei höherer Temperatur lieferte besser lösliche Produkte als langdauernde Nitrierung bei niedriger Temperatur.

Bei der Nitrierung wurde das Holz in drei Teile zerlegt:

— einen unmittelbar im Nitriergemisch löslichen Anteil,
— einen mit Wasser und Methanol in Lösung zu bringenden schwerer löslichen Anteil und
— einen resistenten Anteil (das Nitroholz), der sich in eine acetonlösliche Komponente und in einen unlöslichen Rückstand aufteilen ließ.

Die Nitrocelluloseausbeuten wuchsen mit zunehmender Nitrierzeit an. Bei 0 °C stiegen gleichzeitig damit auch die $P_{w\eta}$-Werte. Nach 120 h Nitrierzeit wurden 22% Holzcellulose mit $P_{w\eta\mathrm{N}} = 5430$ isoliert. Bei 20 °C konnte nach 36 h Nitrierzeit die gesamte Holzcellulose (ca. 43%) mit $P_{w\eta\mathrm{N}} = 6380$ isoliert werden. Bei längeren Nitrierzeiten bis zu 120 h blieb die NC-Ausbeute konstant, die Molekülgröße nahm jedoch infolge Abbaus ab. Der Stickstoffgehalt der Cellulosenitrate lag unabhängig von den Reaktionsbedingungen zwischen 13,50 und 13,74%.

8. *Literatur*

[1] *Alexander, W. J.*, und *Mitchell, R. L.,:* Rapid measurement of cellulose viscosity by the nitration method. Analytic. Chem. **21** (1949) S. 1497–1500.
[2] *Goring, D. A. I.*, und *Timell, T. E.:* Molecular weight of native celluloses. Tappi, New York **45** (1962) S. 454 bis 460.
[3] *Haas, H.*, und *Teves, D.:* Molekulargewichtsverteilung in technischen Zellstoffen. Makromol. Chemie **6** (1951) S. 174–190.
[4] *Lewin, M.*, und *Epstein, J. A.:* Studies on the nitration of Eucalyptus Rostrata and Pinus Halepensis. Tappi, New York **41** (1958) S. 240–245.
[5] *Lewin, M.*, und *Epstein, J. A.:* Effect of time and temperature on the direct nitration of Eucalyptus Rostrata. Tappi, New York **42** (1959) S. 549–552.
[6] *Patscheke, G.*, und *Poller, S.:* Untersuchungen zur Nitrierung des Holzes der Fichte (Picea excelsa Lk.) 2. Versuche zur Reinigung schwer löslicher Nitrohölzer. Cellulose Chem. Technol., Jessy/Rum. im Druck.
[7] *Poller, S.:* Stickstoffbestimmung an Cellulosenitraten. Faserforsch. u. Textiltechnik **18** (1967) S. 351–352.
[8] *Poller, S.:* Beitrag zur Kenntnis der Molekülgröße von nativer Fichten- und Kiefernholzcellulose. Faserforsch. u. Textiltechnik **18** (1967) S. 366–372.
[9] *Poller, S.:* Bestimmung des Nitroligningehaltes und Einfluß von Nichtcellulosebestandteilen auf die Viskosität von Holzcellulosenitratlösungen. Faserforsch. u. Textiltechnik **19** (1968) S. 158–163.
[10] *Poller, S.:* Zur Methodik der Holznitrierung. Faserforsch. u. Textiltechnik **19** (1968) S. 124–129.
[11] *Poller, S.:* Zur Methodik der Polymerisationsgradbestimmung an Cellulosenitraten. Teil I: Viskositätsmessung, Hagenbachkorrektur. Faserforsch. u. Textiltechnik **19** (1968) S. 354–358.
[12] *Poller, S.:* Zur Methodik der Polymerisationsgradbestimmung an Cellulosenitraten. Teil II: Geschwindigkeitsgefälle, Konzentration, Substitutionsgrad, Polymerisationsgradberechnung, Fehlerkritik. Faserforsch. u. Textiltechnik **20** (1969) S. 71–76.
[13] *Poller, S.*, und *Patscheke, G.:* Untersuchungen zur Nitrierung des Holzes der Fichte (Picea excelsa Lk.). 1. Versuche mit dem Nitriergemisch von *Staudinger* und *Mohr.* Cellulose Chem. Technol., Jessy/Rum. im Druck.
[14] *Snyder, J. L.*, und *Timell, T. E.:* Molecular properties of native Balsam Fir cellulose. Svensk Papperstidn. **58** (1955) S. 851–859.
[15] *Staudinger, H.*, und *Mohr, R.:* Über die Konstitution der Cellulosenitrate. Ber. dt. chem. Ges. **70** (1937) S. 2296–2309.
[16] *Timell, T. E.:* Chain length and chain-length distribution of native White Spruce cellulose. Pulp and Paper Mag. Canada **56** (1955) S. 104–114.

Eingegangen am 3. Juli 1969

Zur Deutung der „Kettenlängendifferenz" zwischen Cuoxam- und Nitrat-DP der Cellulose auf Grund absoluter Molmassebestimmungen an einigen Cellulosederivaten

Burkart Philipp und Karl-Joachim Linow

Deutsche Akademie der Wissenschaften zu Berlin, Institut für Faserstoff-Forschung in Teltow-Seehof

DK 547.458.82:541.24.08:541.64:532.13:542.92:[66.062:546-386]

Bei den bisher in der Literatur durchgeführten Eichungen von Viskositäts/DP-Beziehungen für Cellulosen in Metallkomplex-Lösungsmitteln wurden die erforderlichen Bestimmungen der DP-Werte fast ausschließlich an Cellulosenitraten durchgeführt, wobei vorausgesetzt wurde, daß die Herstellung der Cellulosenitrate polymeranalog, d. h. ohne Abbau, verläuft. In dieser Arbeit wird nachgewiesen, daß während der Umsetzung der Cellulose zum Cellulosenitrat unabhängig vom Veresterungsverfahren ein Abbau eintritt. Durch Verwendung von Sedimentations/Viskositäts-Messungen an Cellulosecarbanilaten werden neue Eichbeziehungen für Cellulosen in Cuoxam, Cuen, EWNN und Cadoxen ermittelt.

К интерпретации разницы в СП целлюлозы, определенной по медноаммиачному и нитратному методам, на основании результатов определения абсолютных молекулярных весов некоторых производных целлюлозы

В случае описанных в литературе методов калибровки формул для зависимости вязкости от СП целлюлозы в растворителях в виде комплексов металлов необходимые определения СП проводились почти исключительно на образцах нитроцеллюлозы. При этом предполагалось полимераналогичное превращение целлюлозы в ее нитроэфир, т.е. отсутствие деструкции. В данной работе показано, что в процессе получения нитроцеллюлозы независимо от метода этерификации деструкция целлюлозы всегда имеет место. При применении результатов седиментации и измерения вязкости карбанилатов целлюлозы получены новые калибровочные формулы для растворов целлюлозы в куоксаме, куприэтилендиамине, ЖВН-комплексе и кадоксене.

Interpretation of the Chain Lenght Differences in the Cuoxam and Nitrate DP of Cellulose on the Basis of absolute Molecular Weight Determinations of some Cellulose Derivatives

In the attempts, described until now in the literature, to calibrate the viscosity-DP relationships of cellulose for metal complex solvents the determination of the DP has almost exclusively been performed with cellulose nitrates which were assumed to be polymer-analogeous, that is to undergo no decomposition during their preparation. This paper proves that the reactions of cellulose to form cellulose nitrates are accompagnied by decomposition, irrespective of the esterification method applied. Improved calibration relationships for cellulose in Cuoxam, Cuen, EWNN and Cadoxen were developed from data of viscosity and sedimentation measurements with cellulose carbanilate.

1. *Einführung*

Bei der viskosimetrischen DP-Bestimmung an einem Cellulosepräparat werden für Celluloselösungen in einem alkalischen Lösungsmittel (Cuoxam, Cuen, EWNN) einerseits und das in Aceton oder Butylacetat gelöste Trinitrat andererseits meist stark voneinander abweichende Ergebnisse erhalten, wobei die Differenz zwischen den Meßwerten sowohl von den zugrundegelegten Eichbeziehungen zur Umrechnung der Viskositätszahlen in DP-Werte als auch von Herkunft und Vorgeschichte des Präparats und der zur Bereitung der Lösungen angewandten Arbeitsmethodik abhängt. Zur quantitativen Erfassung dieser Unterschiede wurde für das am längsten bekannte und bis vor einigen Jahren überwiegend angewandte alkalische Lösungsmittel Cuoxam eine sog. „Kettenlängendifferenz" (KLD) entsprechend

$$\% \text{ KLD} = 100 \cdot \frac{\text{DP}_{\text{Nitrat}} - \text{DP}_{\text{Cuoxam}}}{\text{DP}_{\text{Cuoxam}}}$$

definiert. In einer früheren Arbeit [1] hatten wir dargelegt, wie durch Wahl geeigneter, auf Sedimentations-Diffusions-Messungen von *Schulz* und *Marx* [2] fußender Eichbeziehungen sich die KLD bei Chemiezellstoffen, regenerierten Alkalicellulosen und verschiedenen Viskosefaserstoffen auf sehr kleine Werte verringert und so ein direkter Vergleich von nach der Nitratmethode erhaltenen Fraktionierergebnissen (vgl. [3]) mit Cuoxam-DP-Werten der Ausgangsproben möglich wird. Bei Anwendung dieser Eichbeziehungen erhielten wir eine erhebliche negative KLD nur bei den über eine Xanthogenatlösung umgefällten, merkliche Mengen an elementaren Schwefel enthaltenden Proben, eine signifikante positive KLD bei einigen Viskosecordseiden. Zur Erklärung hatten wir damals einen stets, aber in unterschiedlichem Maße stattfindenden hydrolytischen Kettenabbau bei der Nitrierung angenommen, ohne jedoch diese Annahme durch viskosimetrische Messungen allein zwingend beweisen zu können, da eine „polymeranaloge Denitrierung" der Cellulose bisher weder uns [4] noch anderen Autoren [5] gelang. Ziel dieser Arbeit sollte es sein, durch absolute Molmassebestimmungen nach einem kürzlich von uns veröffentlichten Sedimentations/Viskositäts-Verfahren [6] zu prüfen, inwieweit tatsächlich ein solcher Abbau bei der Nitrierung der Cellulose stattfindet, wobei wir neben den Nitraten zum Vergleich die Carbanilate und in Einzelfällen weitgehend abbaufrei gewonnene Acetate einer größeren Serie unterschiedlicher Celluloseproben heranzogen.

2. *Versuchsmethodik*

2.1. *Herstellung und Charakterisierung der Ausgangspräparate*

Eine Übersicht über das verwendete Probenmaterial gibt Tabelle 1, wobei jeweils die nach unseren früher angegebenen Eichbeziehungen (vgl. [1])

$$[\eta]_{\text{Cu}} = 0{,}28 \text{ DP}_{\text{Cu}} \qquad [\eta]_{\text{Nitrat}} = 0{,}73 \text{ DP}_{\text{Nitrat}}$$

Tabelle 1. Charakterisierung der Ausgangsproben

Herkunft der Probe	Kurzbezeichnung	DP_{Cu}	DP_{Nitr}	% KLD
native Baumwolle	BW	3 980	4 020	+ 1
gebleichte Linters, Probe I	Li	3 270	3 520	+ 8
Papierzellstoff	PZ	2 360	2 780	+12
Viskosefaser	Vf	454	509	+12
gebleichte Linters, Probe II	Li 0″	3 270	3 410	+ 4
hydrolysierte Linters	Li 10″	2 540	2 420	− 5
hydrolysierte Linters	Li 2,5′	1 845	1 860	+ 1
hydrolysierte Linters	Li 8′	1 264	1 300	+ 3
hydrolysierte Linters	Li 24′	776	760	− 2
Textilzellstoff, Fichte-Sulfit	TZ	1 867	1 977	+ 6
Cuoxamumfällung von TZ	CuF	1 395	1 329	− 5
Xanthogenatumfällung von TZ	XF	1 188	871	−27
hydrolysierte Linters	LiH I	1 941	1 977	+ 2
hydrolysierte Linters	LiH II	1 256	1 270	+ 1
hydrolysierte Linters	LiH III	848	818	− 4

aus der bei konventionellem Geschwindigkeitsgefälle ($D = 2900 \text{ s}^{-1}$ für Cellulose in Cuoxam, $D = 4100 \text{ s}^{-1}$ für Cellulosenitrat in Aceton) gemessenen Viskositätszahl erhaltenen viskosimetrischen DP-Werte und die daraus errechneten KLD-Werte angegeben sind.

Die Hydrolyse der Lintersprobe II erfolgte bei 80°C mit 0,5 n HCl bei einem Flottenverhältnis von 1:100 ohne Rührung während der in der Probenbezeichnung angegebenen Zeiten bzw. bis zum gewünschten, dem der Proben „TZ I" „CuF" und „XF" etwa entsprechenden Nitrat-DP. Zur Herstellung und Trocknung der Proben „CuF" und „XF" verfuhren wir nach [1]. In Übereinstimmung mit unseren früheren Ergebnissen weist Probe „XF" die größte negative KLD auf.

2.2. *Bemerkungen zur Herstellung der Cellulosederivate*

Anhand von drei nicht in die systematischen Untersuchungen einbezogenen und daher in Tabelle 1 nicht aufgeführten Proben, nämlich einem Textilzellstoff (Probe A), seiner Cuoxamumfällung (Probe B) und seiner Xanthogenatumfällung (Probe C) verglichen wir verschiedene in der Literatur angegebene *Nitriermethoden.* Die in Tabelle 2 zusammengefaßten $[\eta]_{D=0}$ und $DP_{[\eta]s}$-Werte zeigen Abweichungen zwischen den nach verschiedenen Methoden hergestellten Trinitraten der gleichen Probe, die signifikant außerhalb der von der Meßmethode her zu erwartenden Fehlergrenzen liegen, ohne daß sich jedoch auf Grund des hier vorliegenden Versuchsmaterials einer bestimmten Methode besonders hohe oder besonders niedrige Werte zuordnen

Tabelle 2. Vergleich verschiedenartig hergestellter Cellulosenitrate

Methode nach	Veresterungsgemisch aus HNO_3 und	Probe „A"		Probe „B"		Probe „C"	
		$[\eta_0]$ cm^3/g	$DP_{s,[\eta]}$	$[\eta_0]$ cm^3/g	$DP_{s,[\eta]}$	$[\eta_0]$ cm^3/g	$DP_{s,[\eta]}$
Staudinger und *Mohr* [7]	H_3PO_4, P_2O_5	1687	2390	1130	1630	705	1010
Marx-Figini [8]	H_3PO_4, P_2O_5	1485	2460	1033	1570	643	1030
Thinius und *Thümmler* [9]	CH_2Cl_2	1625	2290	1156	1770	598	1020
Harland [10]	CH_3COOH, $(CH_3CO)_2O$	1621	2230	1154	1890	643	940

lassen. Aus praktischen Gründen erscheint uns die von *Harland* [10] beschriebene Methode am wenigsten für Serienuntersuchungen geeignet, nicht nur wegen der Explosionsneigung des verwendeten Gemischs, sondern vor allem wegen des gelegentlichen Auftretens von trotz hohem N-Gehalt nicht völlig acetonlöslichen Nitraten und der generell größeren Streuung von $[\eta]$ bei Parallelversuchen am gleichen Ausgangspräparat. Als besonders zweckmäßig sehen wir die für unsere systematischen Arbeiten stets angewandte Methode nach *Thinius* und *Thümmler* [9] an, mit der sich gut reproduzierbar N-Gehalte von 13,7% erreichen lassen, und die erhebliche arbeitstechnische Vorteile bei der Herstellung (keine Wärmeentwicklung) und Handhabung (niedrigere Viskosität) des Nitriergemisches bietet.

Die Herstellung der *Cellulosecarbanilate* erfolgte durch Addition von Phenylisocyanat an die OH-Gruppen der Cellulose in Gegenwart von Pyridin, wobei wir gegenüber der von *Burchard* und *Husemann* (11) gegebenen Vorschrift lediglich die maximale Reaktionstemperatur von 100 bis 130 °C auf 60 °C herabsetzten bei gleichzeitiger Verlängerung der Reaktionszeit von ca. 12 h auf 8 bis 10 Tage. Nach unseren Erfahrungen erhält man so besser lösliche Präparate mit gut reproduzierbaren N-Gehalten von 7,9 bis 8,0% entsprechend einem Substitutionsgrad von etwa 2,8. Gleichzeitig scheint der Kettenabbau bei der Umsetzung geringer zu sein, wie aus Modellversuchen zur Behandlung von Cellulose in reinem Pyridin geschlossen werden kann (unbehandelte Probe mit Cuoxam-DP 3400; nach 8 h Pyridinbehandlung bei 114 °C Cuoxam-DP 2850; nach 10 Tagen Pyridinbehandlung bei 60 °C Cuoxam-DP 3087). Zur Untersuchung der Carbanilate diente als Lösungsmittel ebenfalls Aceton.

Eine weitgehend polymeranaloge *Acetylierung* nahmen wir an den Proben „CuF" und „XF" nach *Staudinger* und *Daumiller* [12] mit Acetanhydrid in Pyridin bei 60 °C während 8 bis 10 Tagen vor. Das Acetat wurde aus der klaren Lösung mit Petroläther gefällt und bei 50 °C getrocknet. Die Präparate hatten einen Substitutionsgrad von $> 2{,}9$ und waren in Chloroform einwandfrei löslich.

2.3. *Durchführung und Auswertung der Sedimentations- und Viskositätsmessungen*

Die Ermittlung der Sedimentationskonstanten s_c (vgl. [13]) erfolgte mit einer analytischen Ultrazentrifuge der Firma MOM Budapest bei 20 °C ± 0,1 grd mit etwa 35000 U/min entsprechend einer Beschleunigung von ca. 90000 g in der Zellenmitte. Die Belichtungszeit betrug 12 s bei einem Abstand zwischen den Aufnahmen von 2 bis 20 min je nach der Sedimentationsgeschwindigkeit. Die Berechnung der Sedimentationskonstanten erfolgte entsprechend

$$s_c = \frac{1}{60\,\omega^2}\left(\frac{\Delta \ln r}{\Delta t}\right)_{r=r_M};$$

ω = Winkelgeschwindigkeit,
r = Zentrifugenradius bis zur Grenze Lösungsmittel/Lösung,
r_M = Zentrifugenradius bis zum Flüssigkeitsmeniskus
t = Zeitintervall zwischen zwei fotografischen Aufnahmen.

Durch Extrapolation der nach verschiedenen Laufzeiten der Ultrazentrifuge erhaltenen experimentellen Werte $\Delta \ln r/\Delta t$ auf $r = r_M$ wurden die Einflüsse der Konzentrationsänderung und des Druckanstiegs bei fortschreitender Sedimentation eliminiert. Die Konzentrationen im Bereich zwischen $c = 3 \cdot 10^{-4}$ g/cm³ und $c = 45 \cdot 10^{-4}$ g/cm³ wurden stets so gewählt, daß die spezifischen Viskositäten der Lösungen zwischen 0,5 und 2,0 lagen. Alle bei einer bestimmten Konzentration erhaltenen Meßergebnisse für Nitrate und Carbanilate wurden als Einpunktmessungen ausgewertet (vgl. [13]) und die Sedimentationskonstanten bei unendlicher Verdünnung berechnet nach

$$s_0 = s_c\left\{1 + \left[0{,}8 + \frac{18{,}7}{(M_0 \cdot K_\Theta)^{1/2}}\right]\frac{[\eta]_0 \cdot k_{SB}}{\alpha_\eta} \cdot c\right\};$$

s_0 = Sedimentationskonstante bei unendlicher Verdünnung,
s_c = Sedimentationskonstante bei der Meßkonzentration c,
M_0 = relative Molekülmasse der Monomereinheit
K_Θ = Proportionalitätsfaktor der $[\eta]$-DP-Beziehung im Theta-Zustand,
$[\eta]_0$ = Viskositätszahl beim Geschwindigkeitsgefälle Null,
k_{SB} = *Schulz-Blaschke*-Konstante.
α_η = Viskosimetrischer Expansionsfaktor, erhalten nach [13].

Hierbei ergibt sich für Cellulosenitrate

$$s_0 = s_c\left(1 + \frac{0{,}654\ [\eta]_0}{\alpha_\eta}\, c\right)$$

und für Cellulosecarbanilate

$$s_c = s_0\left(1 + \frac{1{,}23\ [\eta]_0}{\alpha_\eta}\, c\right).$$

Für die beiden Celluloseacetate wurden Konzentrationsreihen im Bereich zwischen $c = 15 \cdot 10^{-4}$ g/cm³ und $c = 40 \cdot 10^{-4}$ g/cm³ durchgemessen und nach

$$\frac{1}{s_0} = \frac{1}{s_c}\,(1 + k_s \cdot c)$$

aufgetragen und ausgewertet (vgl. [6]).

Die Ermittlung der Grenzviskositäten $[\eta]_0$ für ein Geschwindigkeitsgefälle $D = 0$ erfolgte bei Nitraten und Carbanilaten aus den durch Messung im *Ubbelohde*-Viskosimeter mit der Kapillaren 0a bei einem Geschwindigkeitsgefälle für das Lösungsmittel $D_{LM} = 4100\ \mathrm{s}^{-1}$ erhaltenen Viskositätszahlen $[\eta]_{4100}$ nach

$$[\eta]_0 = [\eta]_{4100}(1 + 4100\,B),$$

wobei die Steigungskonstanten B aus Eichmessungen bekannt waren (vgl. [14]). Bei den Celluloseacetaten wurden Messungen bei verschiedenem Geschwindigkeitsgefälle graphisch auf das Gefälle $D_{LM} = 0$ extrapoliert.

Aus Sedimentationskonstante s_0 und Grenzviskosität $[\eta]_0$ wurde, wie von uns bereits früher beschrieben [6], die relative Molekülmasse nach der Gleichung

$$M_{s,[\eta]} = 2{,}406 \cdot 10^{25}\left(\frac{\eta_0 s_0}{1 - \bar{v}\varrho}\right)^{3/2}(k_{SB}[\eta_0])^{1/2}$$

berechnet, wobei wir den Auftriebsterm durch Wägung unter Verwendung eines Tauchkörpers erhielten. Einsetzen der Zahlenwerte liefert für die hier interessierenden Systeme folgende Beziehungen:

Cellulosenitrat/Aceton
$M_{s,[\eta]} = 5{,}341 \cdot 10^{21} s_0^{3/2}[\eta]_0^{1/2}$,
Cellulosecarbanilat/Aceton
$M_{s,[\eta]} = 12{,}58 \cdot 10^{21} s_0^{3/2}[\eta]_0^{1/2}$,
Celluloseacetat/Chloroform
$M_{s,[\eta]} = -2{,}376 \cdot 10^{23} s_0^{3/2}[\eta]_0^{1/2}$.

Die relative Standardabweichung für die mit dieser Methode erhaltenen relativen Molekülmassen liegt nach unseren Erfahrungen bei etwa 5%. Die Viskositätszahlen der Ausgangspräparate in Cuoxam wurden in dem von *Kocevar* u. a. [15] modifizierten Viskosimeter nach *Doering* [16] ermittelt. Entsprechende Messungen in Cuen erfolgten nach [29], in EWNN nach [27], in Cadoxen nach [28].

Tabelle 3. $DP_{s,[\eta]}$*-Werte von Cellulosenitraten, Carbanilaten und Acetaten*

Proben-bezeich-nung	DP_{Nitrat}	$DP_{Carbanilat}$	DP_{Acetat}	$\frac{DP_{Carbanilat}}{DP_{Nitrat}}$
BW	6574	15695	—	2,39
Li	6409	14733	—	2,30
PZ	5035	10920	—	2,17
Vf	725	880	—	1,21
Li 0″	5352	11782	—	2,20
Li 10″	3472	8192	—	2,36
Li 2,5′	2592	5320	—	2,05
Li 8′	1648	3213	—	1,95
Li 24′	903	1522	—	1,69
TZ	2537	5630	—	2,22
CuF	1516	4232	4350	2,79
XF	981	3769	3720	3,84
LiH I	2368	4807	—	2,03
LiH II	1431	2760	—	1,93
LiH III	842	1424	—	1,69

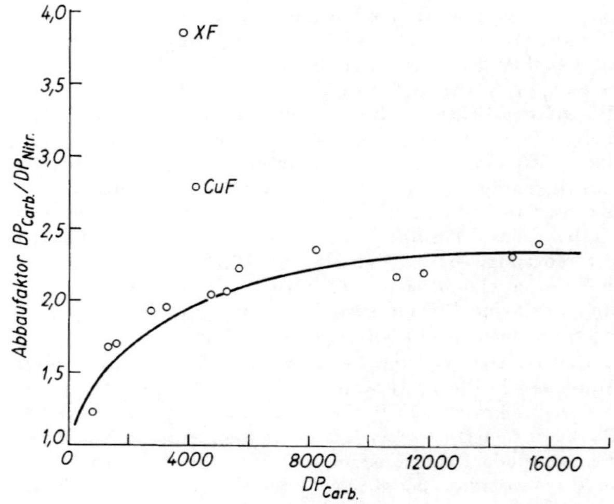

Bild 1. Abhängigkeit des Abbaufaktors vom Polymerisationsgrad der Ausgangscellulose

3. Ergebnisse der systematischen Untersuchungen

Tabelle 3 und 4 geben eine Zusammenfassung unserer Meßergebnisse an den verschiedenen Lösungssystemen. Ein Vergleich der $DP_{s,[\eta]}$-Werte (Tabelle 3) spricht überzeugend für einen unterschiedlich starken, aber in jedem Falle beträchtlichen Abbau der Cellulosekette bei der Herstellung des Trinitrats, denn sämtliche Carbanilate weisen einen signifikant höheren DP auf als die entsprechenden Nitrate bei gleichzeitiger recht guter Übereinstimmung zwischen $DP_{Carbanilat}$ und DP_{Acetat} für die beiden umgefällten Proben. Selbstverständlich kann auch bei einer schonenden Carbanilierung oder Acetylierung ein Abbau nicht völlig ausgeschlossen werden. Er ist aber zweifellos viel geringer als bei der Nitratbildung und dürfte kaum größer sein als im „Modellversuch" einer Behandlung der Cellulose mit Pyridin *allein* unter den bei der Umsetzung angewandten Bedingungen, also vermutlich etwa 10% des Ausgangs-DP nicht überschreiten. Legt man den folgenden Betrachtungen die Annahme zugrunde, daß die DP-Werte der Carbanilate annähernd den „wahren DP des Ausgangsmaterials" wiedergeben, so zeigt sich gemäß Bild 1 eine Zunahme des als „Abbaufaktor" bezeichneten Quotienten $DP_{Carbanilat}/DP_{Nitrat}$ mit steigendem DP der Ausgangsprobe, wie dies bereits früher von uns [1] und anderen Autoren [17, 18] vermutet wurde. Außer von der Kettenlänge hängt der Abbaufaktor offensichtlich etwas von der übermolekularen Struktur der Probe ab, wie die z. T. erhebliche Streuung der Meßpunkte um den eingezeichneten Kurvenzug zeigt, wobei die Probe „CuF" besonders stark abweicht. Den außergewöhnlich hohen Abbaufaktor bei der Probe „XF" führen wir in Übereinstimmung mit unseren früheren Überlegungen [1] auf einen starken hydrolytischen Abbau durch im Nitrierprozeß aus anhaftendem elementarem Schwefel entstandene H_2SO_4 zurück. Eine Auftragung des Abbaufaktors gegen $[\eta]_{Nitrat}$ führt unter Fortlassung der auch hier stark herausfallenden Werte für „CuF" und „XF" zu einem ähnlichen Kurvenzug wie in Bild 1, der sich durch

Tabelle 4. Viskositätszahlen der untersuchten Celluloseproben in verschiedenen Systemen ($[\eta]$ *in* cm^3/g)

Probe	$[\eta]_{Nitr.}$ $D = 4100$	$[\eta]_{Carbanilat}$ $D = 4100$	$[\eta]_{Cuoxam}$ $D = 2900$	$[\eta]_{Cuen}$ $D = 1690$	$[\eta]_{EWNN}$ $D = 690$	$[\eta]_{Cadoxen}$ $D = 1230$
Bw	2936	1095	1423	1690	1610	1275
Li	2486	1053	1168	1329	1530	1146
PZ	2026	935	843	968	1088	825
Li 0″	2375	989	1212	1345	1504	1161
Li 10″	1766	786	907	1000	(815)	875
Li 2,5′	1356	544	659	745	948	676
Li 8,0′	948	403	452	520	663	482
Li 24′	555	244	277	310	415	275
TZ	1440	617	635	732	884	652
CuF	965	490	513	565	680	499
XF	635	470	424	437	565	390
LiH I	1440	581	692	801	995	723
LiH II	925	395	448	523	665	475
LiH III	595	269	302	355	459	319

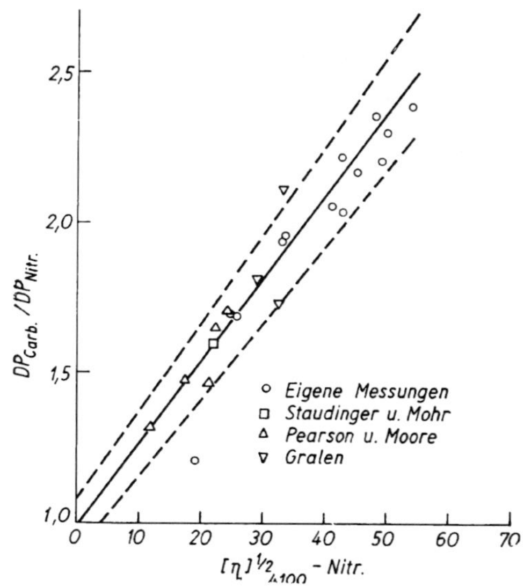

Bild 2. Abhängigkeit des Abbaufaktors von $[\eta]^{1/2}_{4100}$ des Cellulosenitrats

eine Auftragung von $DP_{Carbanilat}/DP_{Nitrat}$ gegen $\sqrt{[\eta]_{Nitrat}}$ entsprechend Bild 2 linearisieren läßt, und so für nicht umgefällte Proben mit einer Genauigkeit von etwa $\pm 10\%$ bei bekannter $[\eta]_{Nitrat}$ eine Abschätzung des Abbaufaktors ermöglicht. Auch die früher von uns [1] aus einigen Messungen anderer Autoren [7, 19, 20] abgeschätzten Abbaufaktoren liegen innerhalb des eingezeichneten Streubereiches. Größere Abweichungen finden wir nur für eine Viskoseregeneratfaser.

Die bisher diskutierten Ergebnisse der absoluten Molmassebestimmung an den verschiedenen Derivaten der Celluloseproben führen auch zu einem weitgehenden Verständnis der Anomalien, die sich bei separater Betrachtung der konventionell bestimmten und auf das Geschwindigkeitsgefälle D_{LM} des reinen Lösungsmittels bezogenen Viskositätszahlen (Tabelle 4) bzw. ihrer Quotienten (Tabelle 5) als routinemäßig bequem zugängliche Meßgrößen ergeben. Ein Vergleich von $[\eta]_{Nitrat}$ und $[\eta]_{Carbanilat}$ bei den Proben „CuF" und vor allem bei „XF" weist auch hier wieder auf den sehr starken Abbau bei der Nitrierung hin. Bei dem Papierzellstoff und wahrscheinlich auch bei „XF" wurde offenbar infolge nichtcellulosischer Verunreinigungen ein etwas zu tiefer Wert für $[\eta]_{Cuoxam}$ gefunden, während $[\eta]_{Nitrat}$ und $[\eta]_{Carbanilat}$ infolge weitgehender Entfernung dieser Substanzen bei der Umsetzung zu den Derivaten hiervon kaum beeinflußt werden. Für den Quotienten $[\eta]_{Nitrat}/[\eta]_{Cuoxam}$ ergibt sich für das hier verwendete, die Linterscellulose stark betonende Probenmaterial unter Auslassung von „XF" und „CuF" ein Mittelwert von 2,11, der deutlich tiefer als unser früher [1] mit anderen Proben erhaltene Mittelwert von 2,64, aber immer noch innerhalb des von den verschiedenen Autoren angegebenen Streubereichs liegt (vgl. [1]). Für den Quotienten $[\eta]_{Nitrat}/[\eta]_{Cuen}$ hingegen fanden wir mit einem Durchschnittswert von 1,87 unsere frühere Angabe von 1,70 weitgehend bestätigt. Der Quotient $[\eta]_{Nitrat}/[\eta]_{EWNN}$ lag mit 1,58 für das hier verwendete modifizierte Lösungsmittel [27] merklich höher als unser früher mit einer nach *Edelmann* und *Horn* [31] bereiteten EWNN-Lösung erhaltene Wert von 1,30. Die auf $[\eta]_{Carbanilat}$ bezogenen Viskositätszahlquotienten für Metallkomplexlösungen der Cellulose (Tabelle 5) weisen eine annähernd gleich große relative Standardabweichung von 10 bis 15% für das hier betrachtete Probenmaterial auf. Eine auf Grund unterschiedlicher Exponenten α in der Beziehung $[\eta] = K \cdot DP^{\alpha}$ zu erwartende DP-Abhängigkeit der Viskositätszahlquotienten deutet sich zwar in den meisten Fällen an, ist aber für den hier betrachteten DP-Bereich bis DP 15000 im allgemeinen geringer als die mittlere Streuung der Einzelwerte (vgl. Bild 3), so daß zur Umrechnung die Verwendung der in Tabelle 5 angegebenen Mittelwerte zulässig erscheint.

Die in den Tabellen 3 und 4 zusammengefaßten $DP_{s,[\eta]}$-Werte und konventionellen Grenzviskositäts-

Tabelle 5. Verhältnis der Viskositätszahlen der verschiedenen untersuchten Systeme, bezogen auf die Viskositätszahlen der Cellulosecarbanilate

Probe	$[\eta]_{Nitrat}/[\eta]_{Carbanilat}$	$[\eta]_{Cuoxam}/[\eta]_{Carbanilat}$	$[\eta]_{Carbanilat}/[\eta]_{Cuen}$	$[\eta]_{EWNN}/[\eta]_{Carbanilat}$	$[\eta]_{Cadoxen}/[\eta]_{Carbanilat}$
Bw	2,68	1,30	1,54	1,47	1,16
Li	2,36	1,11	1,26	1,45	1,09
PZ	2,17	0,90	1,04	1,16	0,88
Li 0″	2,40	1,23	1,36	1,52	1,17
Li 10″	2,25	1,15	1,27	(1,04)	1,11
Li 2,5′	2,49	1,21	1,37	1,74	1,24
Li 8,0′	2,36	1,12	1,29	1,65	1,20
Li 24,0′	2,28	1,14	1,27	1,70	1,13
TZ	2,34	1,03	1,19	1,43	1,06
CuF	(1,97)	1,05	1,15	1,39	1,02
XF	(1,35)	0,90	0,93	1,20	0,83
LiH I	2,47	1,19	1,38	1,71	1,24
LiH II	2,34	1,13	1,32	1,68	1,06
LiH III	2,22	1,12	1,32	1,71	1,19
∅	2,36 ± 0,13	1,13 ± 0,12	1,26 ± 0,15	1,52 ± 0,19	1,10 ± 0,12

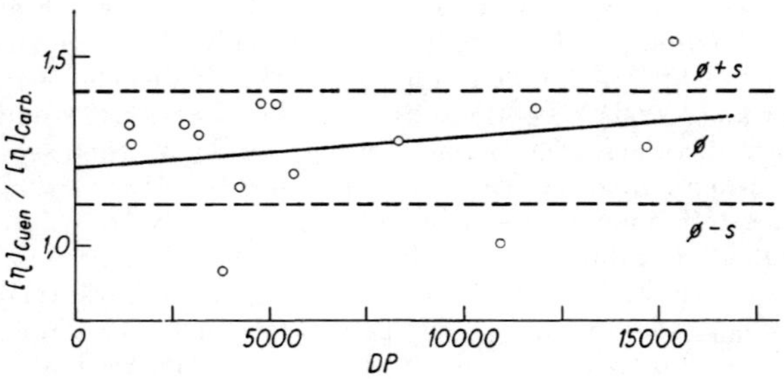

Bild 3. DP-Abhängigkeit des Viskositätszahlquotienten $[\eta]_{Cuen}/[\eta]_{Carb}$.

zahlen ermöglichen die Aufstellung einer für das betreffende Geschwindigkeitsgefälle D_{LM} gültigen $[\eta]$/DP-Beziehung und deren Vergleich mit Literaturangaben für Cellulosenitrat und -carbanilat sowie für Cellulose in Cuoxam und anderen alkalischen Lösungsmitteln.

Für *Cellulosenitrat in Aceton* (Bild 4) bestätigen unsere Meßergebnisse recht gut die von *Schulz* und *Marx* [2] auf Basis von Sedimentations/Diffusions-Messungen aufgestellte Eichgerade ($[\eta]_{D=1300\,sm-1} = 1{,}5\ DP^{0{,}90}$) und zeigen auch kaum signifikante Abweichungen gegenüber den von *Penzel* und *Schulz* [21] bei Lichtstreuungsmessungen erhaltenen Resultaten. Für die verschiedenen hier interessierenden Geschwindigkeitsgefälle erhalten wir aus unseren Meßpunkten folgende Ausgleichsgeraden:

$$D = 0\ s^{-1} \qquad [\eta]_0 = 0{,}79\ DP^{0{,}97},$$
$$D = 1300\ s^{-1} \qquad [\eta]_{1300} = 1{,}11\ DP^{0{,}92},$$
$$D = 4100\ s^{-1} \qquad [\eta]_{4100} = 1{,}98\ DP^{0{,}82}.$$

Die zuletzt genannte Beziehung wäre anzuwenden bei Routinemessungen mit dem *Ubbelodde*-Viskosimeter, Kapillare 0a, da hier die Extrapolation auf $c \to 0$ nach *Schulz/Blaschke* zugleich mit einer Extrapolation auf $D_{LM} = 4100\ s^{-1}$ des reinen Lösungsmittels in diesem Viskosimeter verbunden ist. Bei der Beziehung für $D = 1300\ s^{-1}$ sind die Abweichungen gegenüber der Formel von *Schulz* und *Marx* ausschließlich durch den einen stärker abweichenden Punkt für die Viskoseseide bedingt; unter Fortlassung dieses niedrigsten Wertepaares erhalten wir $[\eta]_{1300} = 1{,}5\ DP^{0{,}88}$ in recht guter Übereinstimmung mit $[\eta]_{1300} = 1{,}5\ DP^{0{,}90}$ nach *Schulz* und *Marx*. Hingewiesen sei auf die Tatsache, daß der Punkt für „XF" als Probe mit auffallend großer KLD keinesfalls signifikant von der Ausgleichsgeraden im log $[\eta]$-log-DP-Diagramm abweicht, was unseres Erachtens recht eindeutig gegen die manchmal geäußerte Annahme [10, 22, 24] eines abweichenden Lösungszustandes als Ursache einer auffallend hohen KLD spricht.

Für *Cellulosetricarbanilat in Aceton* ergeben unsere Meßwerte die Ausgleichsgeraden

$$D = 0\ s^{-1} \qquad [\eta]_0 = 0{,}65\ DP^{0{,}86},$$
$$D = 4100\ s^{-1} \qquad [\eta]_{4100} = 1{,}23\ DP^{0{,}72}.$$

Im Vergleich zu den in Bild 5 mit eingezeichneten Eichgeraden von

Shanbhag [25] $[\eta]_0 = 1{,}43 \cdot 10^{-3}\ M^{0{,}91}$ und von
Burchard [11] $[\eta]_0 = 4{,}66 \cdot 10^{-3}\ M^{0{,}84}$

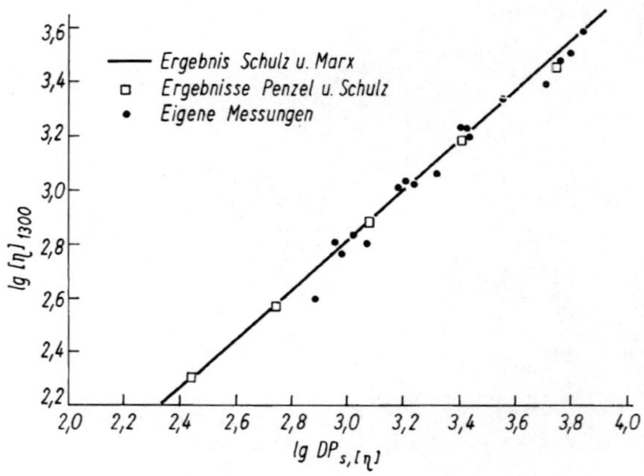

Bild 4

liegen die von uns gemessenen $[\eta]$ bei gegebener rel. Molekülmasse bzw. DP der Probe erheblich niedriger, was wir vor allem auf Unterschiede im Substitutionsgrad (*SG* $\sim$ 2,95 bei *Shanbhag*; *SG* $\sim$ 2,8 in dieser Arbeit) und dadurch bedingte Unterschiede im Lösungszustand zurückführen.

Unter Zugrundelegung unserer an den Carbanilaten und damit übereinstimmend z. T. an Acetaten erhaltenen $DP_{s,[\eta]}$-Werten läßt sich die in Bild 6 dargestellte Eichbeziehung für *Cellulose in Cuoxam*

$$D = 2900\ s^{-1} \qquad [\eta]_{2900} = 1{,}55\ DP^{0{,}70}$$

gewinnen, die in dem für die Praxis interessanten und von unserem Probenmaterial erfaßten DP-Bereich zwischen DP = 1000 und DP = 10000 recht gut, d. h. innerhalb $\sim 10\%$ übereinstimmt mit einer von *Hermans* [26] angegebenen Beziehung

$$D = 885\ s^{-1} \qquad [\eta]_{885} = 0{,}85\ DP^{0{,}77},$$

die erhalten wurde durch Auswertung der von *Gralen* [19] direkt an Cuoxamlösungen der Cellulose vorgenommenen Sedimentations/Diffusions- und Viskositätsmessungen. Diese bisher mehrmals angezweifelten, recht hohen DP-Werte für verschiedene Cellulosepräparate werden damit durch unsere Messungen bestätigt. Auf Basis

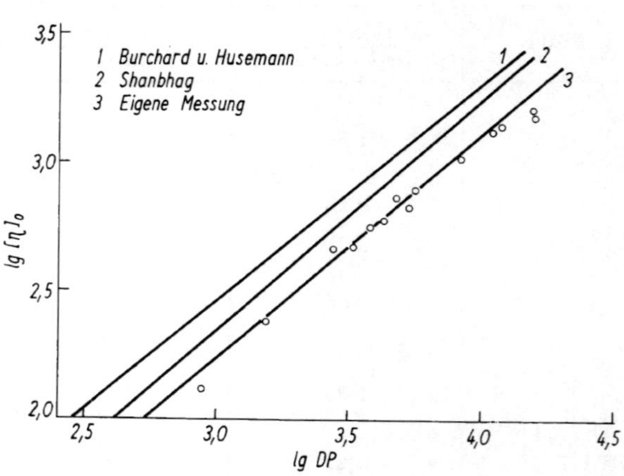

Bild 5. Vergleich verschiedener Eichbeziehungen für Cellulose-Carbanilate in Aceton

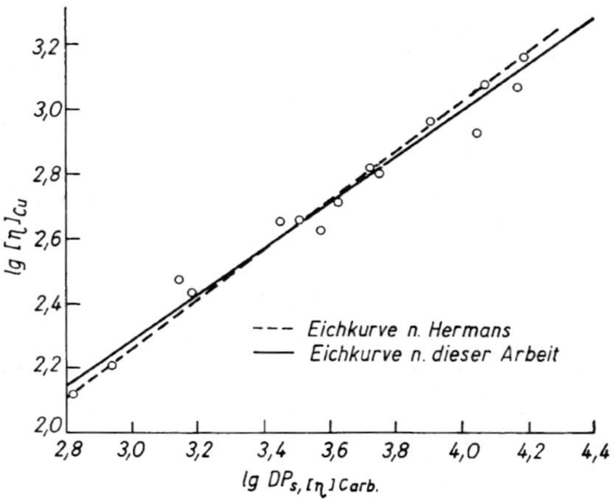

Bild 6. Abhängigkeit der Viskositätszahl in Cuoxam vom $DP_{s,[\eta]}$ der Cellulosecarbanilate

unserer an den Carbanilaten gemessenen $DP_{s,[\eta]}$-Werte lassen sich analoge Eichbeziehungen zur viskosimetrischen DP-Bestimmung auch für *andere Lösungssysteme* gewinnen. Mit unserem Versuchsmaterial erhielten wir folgende Ausgleichsgeraden:

Cellulose in Cuen
$D = 1690\ s^{-1}$ (*Ubbelohde*-Viskosimeter I)
$[\eta] = 2{,}96\ DP^{0,64}$
Cellulose in EWNN [27]
$D = 690\ s^{-1}$ (*Ubbelohde*-Viskosimeter I)
$[\eta] = 10{,}38\ DP^{0,51}$
Cellulose in Cadoxen [28]
$D = 1560\ s^{-1}$ (*Ubbelohde*-Viskosimeter I)
$[\eta] = 4{,}14\ DP^{0,59}$

Die angegebenen Geschwindigkeitsgefälle entsprechen dabei denen des reinen Lösungsmittels in dem jeweiligen Viskosimeter, da ja bei der Auswertung von Einpunktmessungen nach *Schulz/Blaschke* zugleich auf D_{LM} extrapoliert wird (vgl. [14]).

4. *Schlußfolgerungen für die DP-Messung an Cellulosepräparaten*

Unsere in dieser Arbeit erhaltenen Ergebnisse sprechen dafür, daß eine nach Normierung der Eichbeziehungen entsprechend [1] noch verbleibende KLD im wesentlichen auf einen besonders starken (negative KLD) oder besonders geringen (positive KLD) Abbau bei der Cellulosenitratbildung zurückzuführen ist. Unsere an Nitraten, Carbanilaten und z. T. Acetaten des gleichen Ausgangspräparats aus Sedimentations-Viskositäts-Messungen erhaltenen DP-Werte weisen recht eindeutig darauf hin, daß ein solcher Abbau bei der Nitratbildung in allen Fällen und bei allen bisher beschriebenen Nitriermethoden in erheblichem Umfange stattfindet, so daß die DP-Werte der Carbanilate bzw. Acetate etwa das Zwei- bis Dreifache der Nitrat-DP-Werte betragen. Für die Praxis der viskosimetrischen DP-Bestimmung muß hieraus der Schluß gezogen werden, daß die bisher meist angewandte Verfahrensweise der Aufstellung von $[\eta]$/DP-Beziehungen auf Basis von Absolutmessungen an Cellulosenitrat nur zu konventionellen Kenngrößen, nicht aber zum wahren DP des Ausgangspräparats führen kann, da ja der DP eines offensichtlich erheblich abgebauten Derivats der Eichbeziehung zugrunde gelegt wird. Eine kritische Überprüfung der bisher für Routinemessungen üblichen Arbeits- und Auswertemethodik erscheint daher notwendig, wobei wir auf Basis der eigenen Ergebnisse für eine u. E. erforderliche Abänderung folgende Möglichkeiten zur Diskussion stellen möchten:

1. Man verzichtet in Anbetracht der mit einer Umrechnung von $[\eta]$ auf DP-Werte verbundenen Problematik, die ja nicht nur in der polymeranalogen Herstellung eines für Absolutmessungen geeigneten Derivats, sondern beispielsweise auch in der Auswirkung einer unterschiedlichen Polydispersität von „Eichpräparaten" und „Analysenproben" besteht, für Routinemessungen überhaupt auf die Ermittlung eines DP-Wertes und begnügt sich mit der Angabe einer auf ein bestimmtes Geschwindigkeitsgefälle normierten Grenzviskosität in einem die Cellulose ohne vorherige Umsetzung zu einem Derivat weitgehend abbaufrei lösenden Medium wie Cuen [29] oder EWNN [27]. Die wohldefinierte und durch ihre direkte Beziehung zum spezifischen Knäuelvolumen [30] auch physikalisch sinnvolle Größe $[\eta]_{D=konv.}$ erlaubt einen eindeutigen Vergleich verschiedener Cellulosepräparate, ohne — wie ein konventioneller DP-Wert — Anlaß zu einer Überschätzung ihrer Aussagekraft zu geben.
2. Man behält die bisherige Meß- und Auswertemethodik auf Nitratbasis bei und berücksichtigt bei der Umrechnung auf DP-Werte den mit der Nitratbildung verbundenen Abbau näherungsweise mit Hilfe des aus Bild 2 zu entnehmenden Abbaufaktors.
3. Man verläßt die bisherige Eichgrundlage der absoluten DP-Bestimmung an Cellulosenitrat und benutzt stattdessen zur Aufstellung der $[\eta]$/DP-Beziehung Absolutmessungen an solchen Derivaten, bei denen der Abbau bei der Herstellung wesentlich geringer ist, um so einem „wahren DP" des Ausgangspräparats möglichst nahezukommen. Nach unseren Erfahrungen erscheint hierfür vor allem das Cellulosetricarbanilat geeignet.

Für eine jetzt intensiv betriebene nationale und internationale Standardisierung von Viskositätsmethoden erscheint uns der erste Weg vorerst am geeignetsten, da er eine eindeutige Klassifizierung erlaubt und durch Vermeidung zweifellos langwieriger Diskussionen über die zu wählende $[\eta]$/DP-Beziehung relativ rasch zu einer dringend notwendigen Übereinkunft hinsichtlich Meß- und Auswertemethodik führen kann. Eine Korrektur von Nitrat-DP-Werten mit Hilfe des „Abbaufaktors" sollte wegen der hiermit verbundenen Unsicherheit auf solche Proben beschränkt bleiben, bei denen — wie z. B. bei manchen vernetzten oder reaktivgefärbten Cellulosefasern — nur über das Nitrat eine Auflösung möglich ist und aus Vergleichsgründen eine näherungsweise Angabe des DP-Wertes unbedingt verlangt wird. In allen anderen Fällen, in denen die Angabe eines DP-Wertes als Mittelwert für die Kettenlänge erforderlich erscheint, sollte u. E.

trotz des damit vor allem für den Praktiker erforderlichen „Umdenkens" der zuletzt genannte Weg einer Eichung über Carbanilate anstelle der Nitrate beschritten werden, wobei natürlich vor einer verbindlichen Festlegung eine Ergänzung und Erweiterung des hier vorgelegten begrenzten Versuchsmaterials notwendig erscheint.

Unseren Mitarbeiterinnen Frau *E. Linow* und *G. Räder* danken wir für die sorgfältige Durchführung der umfangreichen Messungen und Berechnungen.

Literatur

[1] *Philipp, B.*, und *Linow, K.-J.*: Untersuchungen zur Kettenlängendifferenz zwischen Nitrat- und Cuoxam-DP der Cellulose und ihrer Änderung im Viskoseprozeß. Papier **20** (1966) 10A, S. 649–657.

[2] *Schulz, G. V.*, und *Marx, M.*: Über Molekulargewicht und Molekulargewichtsverteilung nativer Cellulosen. Makromol. Chemie **14** (1954) S. 52–95.

[3] *Philipp, B.*, und *Linow, K.-J.*: Über eine Routinemethode zur Kettenlängenfraktionierung von Cellulosenitraten aus Holzzellstoffen, Alkalicellulosen und Regeneratfasern. Zellstoff u. Papier **14** (1965) S. 321–326.

[4] *Lukanoff, T.*, *Linow, K.-J.*, und *Philipp, B.*: Untersuchungen zur alkalischen Spaltung von Estern und Äthern der Cellulose in Gegenwart von Dimethylsulfoxid. Faserforsch. u. Textiltechnik **20** (1969) 8, S. 383–387.

[5] *Heuser, E.*: The chemistry of cellulose. New York: Wiley & Sons 1947, S. 218–222.

[6] *Linow, K.-J.*, und *Philipp, B.*: Zur Bestimmung der relativen Molekülmasse von Hochpolymeren durch Messung von Sedimentationsgeschwindigkeit und Viskositätszahl. Faserforsch. u. Textiltechnik **19** (1968) S. 509–513.

[7] *Staudinger, H.*, und *Mohr, R.*: Über hochpolymere Verbindungen. 179 Mitt.: Über die Konstitution der Cellulosenitrate. Ber. dt. chem. Ges. **70** (1937) S. 2296 bis 2309.

[8] *Marx-Figini, M.*: Über die Abhängigkeit des Polymerisationsgrades und des Substitutionsgrades von den Nitrierbedingungen für Cellulosenitrate verschiedener Herkunft. Makromol. Chemie **49/50** (1961) S. 196 bis 219.

[9] *Thinius, K.*, und *Thümmler, W.*: Beitrag zur polymeranalogen Umsetzung der Cellulose zu Cellulosenitrat. Makromol. Chemie **99** (1966) S. 117–125.

[10] *Harland, W. G.*: Der Polymerisationsgrad und seine Verteilung in Cellulosereyons. J. Textile Inst. **45** (1954) S. T678–T691.

[11] *Burchard, W.*, und *Husemann, E.*: Eine vergleichende Strukturanalyse von Cellulose- und Amylosetricarbanilaten in Lösung. Makromol. Chemie **44** (1961) S. 358 bis 378.

[12] *Staudinger, H.*, und *Daumiller, G.*: Über hochpolymere Verbindungen. 154. Mitt.: Untersuchungen an Celluloseacetaten und Cellulosen. Liebigs Ann. Chemie **529** (1937) S. 219–265.

[13] *Linow, K.-J.*: Methodische Untersuchungen zur Bestimmung der rel. Molekülmasse von Hochpolymeren mit der Ultrazentrifuge und ihre Anwendung zur Klärung der sogenannten Kettenlängendifferenz der Cellulose. Dissertation, TH Magdeburg 1969.

[14] *Linow, K.-J.*, *Wulf, K.*, und *Philipp, B.*: Über die Extrapolation der Viskositätszahl von Hochpolymeren auf das Geschwindigkeitsgefälle Null. Faserforsch. u. Textiltechnik **20** (1969) 11, S. 521–528.

[15] *Kocevar, F.*, *Pogacnik, M.*, und *Poroden, V.*: Eine Modifizierung der Schnellmethode zur Bestimmung des DP von Cellulose nach *H. Doering*. Papier **11** (1957) 13/14, S. 301–303.

[16] *Doering, H.*: Zur Bestimmung des DP von Zellstoffen in der Betriebskontrolle. Papier **8** (1954) 17/18, S. 383 bis 387.

[17] *Wandel, M.*: Das Verhalten der Cellulose beim Auflösen in Cuoxam und bei der Nitrierung. Neue Anschauungen über den Verteilungszustand gelöster Cellulosen und ihren strukturellen Aufbau. Dissertation, TH Stuttgart 1957.

[18] *Agster, A.*: Die Messung des Polymerisationsgrades von Cellulosefasern und die Bedeutung der Kettenlängendifferenz. Dt. Textiltechnik **18** (1968) S. 363–371.

[19] *Gralen, N.*: Sedimentations- und Diffusionsmessungen an Cellulosen und Cellulosederivaten. Dissertation, Uppsala 1944.

[20] *Pearson, G. P.*, und *Moore, W. R.*: The influence of degree of substitution on some viscosity parameters for cellulose nitrate. Polymer, London **1** (1960) S. 144 bis 150.

[21] *Penzel, E.*, und *Schulz, G. V.*: Viskosität und Durchspülung von Cellulosetrinitraten in Aceton. Makromol. Chemie **113** (1968) S. 64–74.

[22] *Dolmetsch, H.*: Über Zerfall, Erhaltung und Neubildung geordneter Strukturbereiche der Cellulose im Verlauf der Umfällung. Papier **13** (1959) S. 37–46.

[23] *Dolmetsch, H.*: Über die Kettenlängendifferenz der Cellulose. Kolloid-Z. **163** (1959) S. 68–69.

[24] *Dolmetsch, H.*: Über die Kettenlängendifferenz im Sinne *Staudingers*. Papier **16** (1962) S. 556–565.

[25] *Shanbhag, V. P.*: The macromolecular properties of cellulose tricarbanilate in dilute solutions. I. The viscosity molecular weight relationship and the configuration of cellulose tricarbanilate in the solvents acetone, cyclohexanone and dioxane. Ark. Kemi **29** (1969) S. 1–22.

[26] *Hermans, P. H.*: Physics and Chemistry of Cellulose Fibers. New York: Elsevier 1949, S. 119.

[27] *Jayme, G.*, und *El-Kodsi, G.*: Über ein neues Verfahren zur Herstellung praktisch sauerstoffunempfindlicher Cellulose-$EWNN_{mod}$-Lösungen für Viskositätsmessungen und damit erhaltene Ergebnisse. Papier **22** (1968) S. 120–124.

[28] *Donetzhuber, A.*: Zur Herstellung des Celluloselösungsmittels „Cadoxen". Svensk Papperstidn. **63** (1960) S. 447–448.

[29] Zellcheming-Merkblatt IV/36/61.

[30] *Glöckner, G.*, *Linow, K.-J.*, und *Philipp, B.*: Zur Interpretation der Viskositätskonzentrationsbeziehung nach *Schulz* und *Blaschke*. Faserforsch. u. Textiltechnik **19** (1968) S. 120–124.

[31] *Edelmann, K.*, und *Horn, E.*: Zur Herstellung und Anwendung der alkalischen Eisen-Weinsäure-Natrium-Komplexlösung für die viskosimetrische DP-Bestimmung der Cellulose. Faserforsch. u. Textiltechnik **9** (1958) S. 493–500.

Eingegangen am 5. August 1969

Faserforschung und Textiltechnik 21 (1970) Heft 1

Zur Copolymerisation von Acrylnitril mit 3-Natrium-Sulfopropylacrylat und -methacrylat

Hans Reichert und Hans-Joachim Schauder

Deutsche Akademie der Wissenschaften zu Berlin, Institut für Faserstoff-Forschung in Teltow-Seehof

DK 547.339.211 : [678.6/.7-13.02 : 66.095.26] : 541.124 : 541.127.1 : 547.263'391.1 : 547.279.521.1 : 66.062.855.5

Acrylnitril wurde mit 3-Natrium-Sulfopropylacrylat und -methacrylat in Dimethylsulfoxid und Dimethylformamid copolymerisiert. In ersterem Medium wurden die Copolymerisationsgeschwindigkeiten und -parameter, in letzterem Medium die spezifischen Viskositäten und Einflüsse zunehmenden Umsatzes zum Polymeren bestimmt.

О сополимеризации акрилонитрила с 3-натриевыми солями сульфопропилакрилата и -метакрилата

Осуществлена сополимеризация акрилонитрила с 3-натриевыми солями сульфопропилакрилата и -метакрилата в диметилсульфоксиде и диметилформамиде в качестве растворителя. Для первой среды (ДМСО) определены скорости и параметры сополимеризации, а для последней — удельная вязкость и влияние степени превращения в полимер.

Copolymerisation of Acrylonitrile with 3-Sodium-sulfopropyl Acrylate and Methacrylate

Copolymerisation experiments of acrylonitrile with 3-sodium-sulfopropyl acrylate and -methacrylate have been carried out with dimethyl sulfoxide and dimethyl formamide as solvent. The rate of copolymerisation and copolymerisation parameters were determined in dimethylsulfoxide. In dimethyl formamide the specific viscosity and the effects of increasing conversion to the polymer were estimated.

1. *Einleitung*

Bei der Herstellung von Fasern aus Copolymerisaten mit überwiegendem Anteil Acrylnitril (AN) werden bevorzugt Sulfonate als Komponenten zur Verbesserung der Anfärbbarkeit angewendet. Insbesondere haben Styrol- und Allylsulfonate technische Bedeutung erlangt. Wie aus der Patentliteratur hervorgeht, sind darüber hinaus zahlreiche Verbindungen synthetisiert worden, die zumeist Acryl- bzw. Methacrylester oder -amide mit im Alkyl- bzw. Arylrest substituierten Sulfonatgruppen darstellen und deren Einsatz für die Copolymerisation mit AN zum Zwecke der Faserherstellung beschrieben wird.

Unser Interesse galt besonders den Sulfoalkylacrylaten bzw. -methacrylaten, deren Herstellung aus Acryloyl- bzw. Methacryloylchlorid und Hydroxysulfonaten oder aus Acrylsäure bzw. Methacrylsäure und Hydroxysulfonsäure von *W. J. Le Févre* und *D. P. Sheetz* vorgeschlagen wird [1, 2]. Die Copolymerisation mit AN in wäßrigem heterogenem Medium und das Spinnen aus Lösungen in konzentrierter Salpetersäure beschreiben *T. Ôfuka* und *Y. Fujisaki* [3, 4].

Wir haben nun eigene Untersuchungen durchgeführt, die sich speziell mit 3-Natrium-Sulfopropylacrylat (SPA) und -methacrylat (SPMA) befassen. Gegenüber den Synthesen von *Le Févre* und *Sheetz* stellten wir diese Verbindungen aus Natriumacrylat bzw. -methacrylat und 1,3-Propansulton her [5]. Die Copolymerisation mit AN führten wir radikalisch in homogenem Medium durch, wobei wir als Lösungsmittel Dimethylsulfoxid (DMSO) und Dimethylformamid (DMF) und als Initiator Azodiisobutyronitril (AIBN) verwendeten. Wir bestimmten bei geringem Umsatz zu Polymerem die Reaktivitätsverhältnisse und Bruttogeschwindigkeiten der Copolymerisation sowie im Bereich niedriger Acrylatanteile im Monomerengemisch bis zu hohem Polymerumsatz die Änderung der Copolymerzusammensetzung und der spezifischen Viskosität (η_{sp}) verdünnter Polymerlösungen.

2. *Experimentelles*

2.1. *Monomere, Lösungsmittel und Initiator*

Zur Gewinnung von SPA und SPMA stellten wir aus Acrylsäure bzw. Methacrylsäure und Natriumhydroxid in Methanol die benötigten Acrylate und nach *J. H. Helberger* [6] aus Allylalkohol durch Anlagerung von Natriumhydrogensulfit, Entsalzen mit Salzsäure und Anhydratisierung durch Vakuumdestillation 1,3-Propansulton her. Acrylat und Sulton wurden in äquivalenter Menge und in alkoholischer Verdünnung bei ca. 70°C zur Reaktion gebracht [5]:

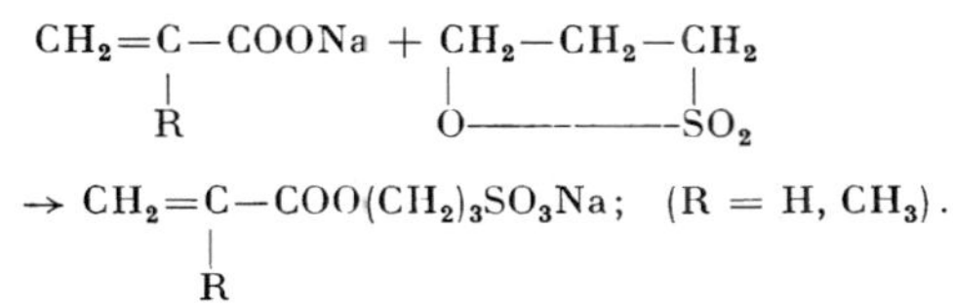

Die aus Äthanol umkristallisierten, schuppenförmigen Produkte ergaben folgende Analysenwerte:

		C %	H %	S %[1]	Na %
SPA	gef.	32,74	4,37	14,33	10,26
	ber.	33,33	4,20	14,83	10,63
SPMA	gef.	36,55	4,86	13,69	9,89
	ber.	36,52	4,82	13,93	9,99

[1]) nach *Wurzschmitt*

Bei der Bestimmung der C—C-Doppelbindung fanden wir nachstehende Werte:

	% SPA	% SPMA
durch Mercaptanaddition (n. *Beesing*)	77,9	74,8
durch Bromaddition (n. *Critchfield*)	83,6	94,1
durch Bromaddition (n. *Rosemund* u. *Kuhnhenn*)	87,4	92,7

Die Anwendung der Hydrierungsmethode scheiterte an sofort einsetzender Polymerisation.

Auf Grund der chemischen Analyse lag die Vermutung nahe, daß ein Teil der gewonnenen Substanz, insbesondere von SPA, bereits polymerisiert vorlag. Bei Löslichkeitsversuchen in Alkohol und DMF konnte jedoch kein Rückstand des unlöslichen Polymeren gefunden werden. Wir untersuchten das Restmonomere nach einer Polymerisation von SPA in DMSO und fanden annähernd die gleichen Analysenwerte wie am ursprünglichen Monomeren (s. oben): S 14,07%, Na 10,62% und JZ (n. *Critchfield*) 100,8 (= 85,9% SPA).

Zur weiteren Kontrolle wurden IR-Spektren herangezogen, die sowohl an dem ursprünglichen wie an dem Restmonomeren (SPA) die für die olefinische Doppelbindung charakteristischen Banden bei 990 cm^{-1} und 930 cm^{-1}, bei 1420 cm^{-1}, 1630 cm^{-1} und 1650 cm^{-1}, bei 3040 cm^{-1} und 3100 cm^{-1} in guter Übereinstimmung zeigen. Im Spektrum des Polymeren waren diese Banden nicht mehr vertreten. Bei allen drei Spektren zeichnet sich die der Estergruppe zuzuordnende Bande bei 1730 cm^{-1} in starker Intensität ab. Bei 1200 cm^{-1} weist eine ausgeprägt breite Bande auf die SO_3Na-Gruppe hin. Aus den IR-Spektren sind keine Anzeichen dafür abzulesen, daß nennenswerte Nebenreaktionen neben der Bildung des Sulfoesters stattgefunden haben.

In letzter Zeit ist die Methode der Papierchromatographie für die Reinheitskontrolle von Allylsulfonaten angewendet worden [7]. Nach dieser Methode können geringe Mengen polymerer Anteile im Monomeren deutlich angezeigt werden. Anhand von wäßrigen Lösungen monomerer und polymerer SPA- und SPMA-Proben konnte nachgewiesen werden, daß die synthetisierten Monomeren praktisch keine polymeren Anteile enthalten. Die oben aufgeführten Bestimmungen der C—C-Doppelbindung durch Additionsreaktionen haben offensichtlich zu niedrige Gehaltswerte ergeben. Auf die Schwierigkeiten dieser Bestimmungsmethoden bei polaren Verbindungen ist in der Literatur genügend hingewiesen worden [8].

Die Untersuchung der Löslichkeit in den bei der Polymerisation angewendeten Lösungsmitteln ergab folgende Werte (g/100 ml bei 23 °C):

	DMF	DMSO
SPA	27,1	77,6
SPMA	5,5	32,8

Die verwendeten Substanzen AN (hergestellt nach *Sohio*-Verfahren), DMSO, DMF, AIBN entsprachen in der Reinheit den Angaben einer früheren Publikation [9].

2.2. *Versuchsmethodik*

Die Untersuchungen der Reaktivitäten und Bruttogeschwindigkeiten bei der Copolymerisation in DMSO wurden im Dilatometer wie bei den vorangegangenen Arbeiten [9, 10] durchgeführt. Die Ausfällung erfolgte in Äthanol ohne Salzsäurezusatz. Bei der Copolymerisation in DMF mit Sulfoester-Anteilen $\leqq$ 2,5 mol-% im Monomerengemisch, wobei der Prozeß auch bis zu hohem Umsatz untersucht wurde, verwendeten wir Ampullen für 100-g-Ansätze und fällten ebenfalls in Äthanol. Die Proben wurden einmal aus DMF-Lösung umgefällt.

Zur Bestimmung der Zusammensetzung der Copolymeren diente die *Kjeldahl*-Analyse (N %) und der *Schöniger*-Aufschluß (S %). Die spezifische Viskosität (η_{sp}) ermittelten wir an 0,1%igen Lösungen der Copolymeren in DMF mit dem *Ubbelohde*-Viskosimeter Nr. 0a bei 25 °C.

3. *Ergebnisse und Diskussion*

3.1. *Reaktivitätsverhältnisse*

Aus den Versuchen der Copolymerisation von AN und SPA bzw. SPMA in DMSO mittels AIBN bei 50 °C sind in Tabelle 1 die verschiedenen Monomerenverhältnisse den auf Grund von *Kjeldahl*-Analysen ermittelten Copolymerzusammensetzungen gegenübergestellt. In Bild 1 sind die entsprechenden Copolymerisationskurven dargestellt. Sie zeigen den für die Systeme AN/Acryl- bzw. Methacrylester typischen Verlauf. Zur Bestimmung der r-Werte benutzten wir — wie in einer vorangegangenen Arbeit [10] dargelegt — wiederum die integrierte und entsprechend umgruppierte Beziehung von *Mayo* und *Lewis*. Folgende Werte wurden erhalten:

Tabelle 1. Copolymerisation von Acrylnitril (M_1) mit 3-Natriumsulfopropylacrylat (SPA) bzw. -methacrylat (SPMA). 1 mol/l Gesamtmonomeres und $1{,}5 \cdot 10^{-2}$ mol/l AIBN in DMSO, 50 °C

M_2	mol-% im Monomeren	Umsatz %	$v_{Br} \cdot 10^4$	N %	mol-% im Copolymeren
SPA	0	9,8	0,22	25,84	0
	12,0	14,3	0,22	18,86	8,3
	33,3	12,9	0,24	11,91	22,3
	54,5	19,0	0,31	6,84	40,5
	75,7	23,3	0,46	2,99	65,2
	87,9	15,6	1,17	1,37	81,4
	100	13,6	2,72	—	100
SPMA	12,0	13,8	0,27	11,74	21,7
	33,3	17,5	0,32	5,25	47,5
	54,5	10,9	0,61	3,04	63,4
	75,7	16,7	1,24	1,49	79,0
	87,9	11,2	3,22	0,73	88,8
	100	10,3	5,65	—	100

AN $r_1 = 1{,}80 \pm 0{,}02$ AN $r_1 = 0{,}37 \pm 0{,}02$
SPA $r_2 = 0{,}55 \pm 0{,}01$ SPMA $r_2 = 1{,}05 \pm 0{,}04$

Daraus ergeben sich nach der bekannten Beziehung von *Alfred* und *Price* die Strukturwerte:

	SPA	SPMA		AN (Bezugswerte)
e_2	+1,10	+0,23	e_1	+1,20
Q_2	0,30	0,51	Q_1	0,60

Vergleicht man diese Werte mit denen bekannter, nichtsubstituierter Acrylate und Methacrylate, so ist übereinstimmend festzustellen, daß die Acrylate jeweils größere e-Werte und kleinere Q-Werte als die entsprechenden Methacrylate aufweisen. Diese Feststellung steht auch in Einklang mit den theoretisch aus der Molekülstruktur voraussagbaren Induktions- und Resonanzeffekten.

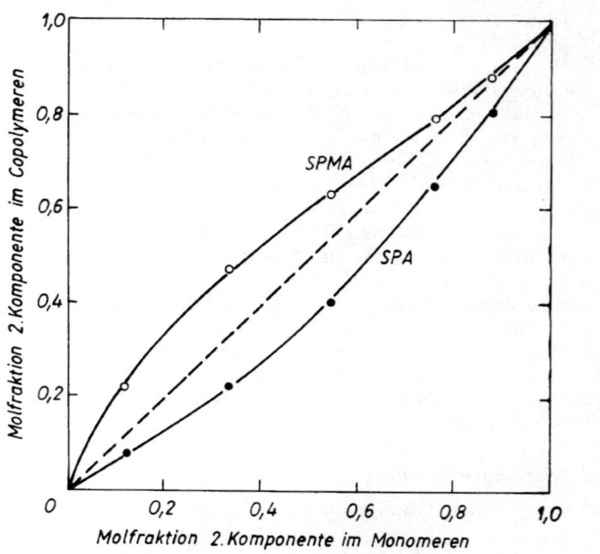

Bild 1. Copolymerisation von Acrylnitril mit 3-Natrium-Sulfopropylacrylat (SPA) bzw. -methacrylat (SPMA) in DMSO

Über eine Relation zwischen der C-Anzahl im Alkylrest der Ester und dem *e*- und *Q*-Wert ist auf Grund der Literaturangaben [11] keine eindeutige Aussage möglich:

	e	*Q*
Methylacrylat	+0,60	0,42
Äthylacrylat	+0,22	0,52
Isopropylacrylat	+0,55	0,41
n-Propylacrylat		
n-Butylacrylat	+1,06	0,50
n-Octylacrylat	+1,07	0,35
n-Nonylacrylat		
Methylmethacrylat	+0,40	0,74
Äthylmethacrylat	+0,17	0,56
Isopropylmethacrylat	−0,15	1,20
n-Propylmethacrylat	−0,41	1,47
n-Butylmethacrylat	−0,23	0,72
n-Octylmethacrylat	−0,31	0,78
n-Nonylmethacrylat	+0,14	0,91

Nach den Untersuchungen von *J. Brandrup* [12] erhält man bei der Lösungscopolymerisation von AN und Methyl-, Äthyl-, n-Propylacrylat in DMF annähernd gleiche Strukturwerte für die drei Acrylester: $e = +0{,}71$, $Q = 0{,}28$. Von *Z. Izumi* und *H. Kitagawa* [13] wurden bei der Lösungscopolymerisation von AN und Methylacrylat in DMSO ähnliche Werte gefunden: $e = +0{,}62$, $Q = 0{,}29$.

Auf Grund dieser Gegenüberstellungen ist anzunehmen, daß die relativ hohen *e*-Werte, die für SPA und SPMA ermittelt wurden, dem induktiven Einfluß der Sulfogruppe zuzuschreiben sind, soweit nicht auch sterische Hinderung wirksam ist. Ein gleichartiger Effekt könnte aus den bekannten Werten für β-Chloräthylacrylat ($e = +0{,}91$, $Q = 0{,}47$) abgeleitet werden, wobei die *r*-Werte der Copolymerisation mit Styrol zugrunde gelegt wurden [14].

3.2. *Bruttogeschwindigkeiten*

Bei den Versuchen zur Ermittlung der Copolymerisationsparameter wendeten wir das Dilatometer an und erhielten dadurch gleichzeitig die Polymerisationsgeschwindigkeiten (v_{Br}) für die verschiedenen Monomerenverhältnisse in DMSO (Tabelle 1). In Bild 2 sind diese Werte graphisch aufgetragen. Mit mehr als 60 mol-% Acrylatanteil erhöht sich die Bruttogeschwindigkeit zunehmend und erreicht bei 100% SPA etwa das Zehnfache, bei 100% SPMA etwa das Zwanzigfache der Bruttogeschwindigkeit von AN. Zu ähnlichem Ergebnis gelangte *B. Sandner* [15] bei der Copolymerisation von AN und Äthylacrylat in DMF, wobei von mehr als 65 mol-% Acrylatanteil an eine starke Zunahme der Bruttogeschwindigkeit eintrat und mit 100% Acrylat etwa das Dreifache derjenigen von AN erreicht wurde.

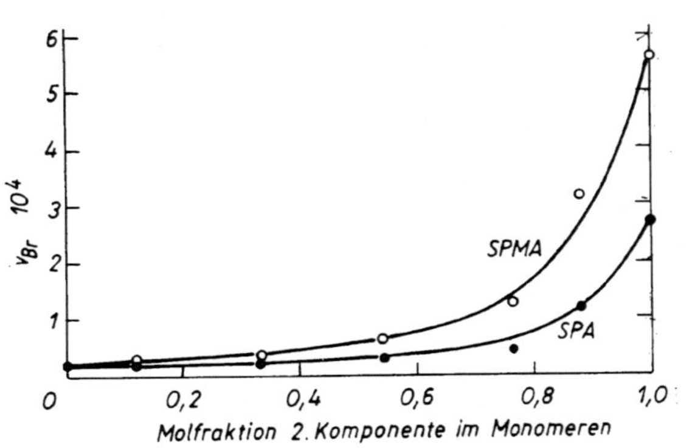

Bild 2. Abhängigkeit der Copolymerisationsgeschwindigkeit (v_{Br}) von der Konzentration der Acrylatkomponenten im Monomerengemisch (zu Bild 1)

Auch bei der Berechnung der *Melville*schen *Φ*-Werte ist übereinstimmend mit den Untersuchungen von *B. Sandner* eine Abhängigkeit von der Monomerenzusammensetzung gefunden worden. Die *Φ*-Werte sinken mit zunehmendem Acrylat-Anteil in der Größenordnung von 10^2 bis 10^0 ab. Bei mehr als 30 mol-% Acrylat-Anteil sind die *Φ*-Werte des Systems AN/SPMA größer als diejenigen des Systems AN/SPA. Für gleiche Molanteile der beiden Komponenten ergab sich ein Verhältnis von ca. 2:1. Das entspricht den theoretischen Vorstellungen, daß das System mit dem größeren Unterschied der *e*-Werte und demzufolge mit der größeren Alternierungstendenz auch eine größere Neigung zum Abbruch durch ungleiche Radikale als zum Abbruch durch gleiche Radikale besitzt.

3.3. *Spezifische Viskosität*

Die mit geringen Anteilen der Sulfoacrylate im Monomerengemisch durchgeführten Versuche der Lösungspolymerisation in DMF wurden bei niedrigem Polymerumsatz hinsichtlich der spezifischen Viskosität ausgewertet. In Tabelle 2 sind die erzielten Ergebnisse aufgeführt. Zunächst zeigte sich in dem Bereich bis 2,5 mol-% Monomeranteil Acrylat bereits die oben beschriebene Zunahme der Polymerisationsgeschwindigkeit mit Erhöhung des Acrylat-Anteils. Weiterhin ist ein beachtlicher Anstieg der spezifischen Viskosität (η_{sp}) festzustellen, der bei den Copolymeren mit dem stärker einpolymerisierenden SPMA steiler als bei den Copolymeren mit SPA verläuft.

Dieser Anstieg kann nicht allein durch eine Erhöhung des Polymerisationsgrades erklärt werden. Es ist anzunehmen, daß die Sulfonatgruppe im Copolymeren einen starken Einfluß auf die Entknäuelung der

Tabelle 2. Abhängigkeit der spezifischen Viskosität (η_{sp}) von geringen Anteilen 3-Natriumsulfopropylacrylat (SPA) bzw. -methacrylat (SPMA) in AN-Copolymerisaten. 20 Masse-% Gesamtmonomeres und 0,3 Masse-% AIBN in DMF, 50 °C, 90 min

Acrylatanteil im Monomerengemisch mol-%	Umsatz zu Polymerem %		Acrylatanteil im Copolymeren mol-%		η_{sp}	η_{sp}
	SPA	SPMA	SPA	SPMA	SPA	SPMA
0	7,3	7,3	0	0	0,124	0,124
0,5	8,2	9,7	0,4	1,4	0,147	0,221
1,5	8,7	11,0	0,7	4,0	0,166	0,328
2,0	10,5	11,7	0,8	4,9	0,192	0,696
2,5	12,8	13,5	1,0	6,2	0,228	0,659

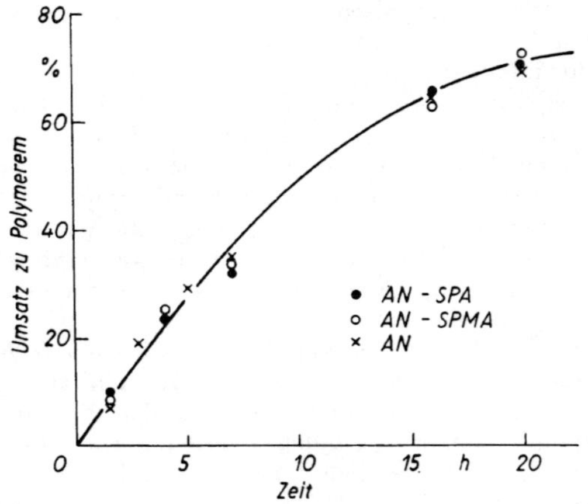

Bild 3. Zeit/Umsatz-Beziehung bei der Copolymerisation von Acrylnitril mit 1 mol-% 3-Natrium-Sulfopropylacrylat (SPA) bzw. -methacrylat (SPMA) und bei der Homopolymerisation von Acrylnitril (AN) in DMF, 50 °C

Makromoleküle in der DMF-Lösung ausübt und dadurch einen Anstieg der Viskosität hervorruft. Entsprechend der Strukturveränderung ist in der allgemeinen Beziehung zwischen Viskosität und relativer Molekülmasse $[\eta] = KM^{\alpha}$ eine Annäherung der Größe a an 1 zu erwarten, so daß man eine Erhöhung des Polymerisationsgrades nicht aussschließlich annehmen kann.

3.4. Einfluß zunehmenden Polymerumsatzes

Bei 1 mol-% Anteil der Sulfoacrylate im Monomerengemisch untersuchten wir die Lösungscopolymerisation mit AN in DMF bis zu hohem Umsatz zu Polymerem. Wie aus Bild 3 hervorgeht, ist in der Umsatzgeschwindigkeit kaum ein Unterschied zur Homopolymerisation von AN festzustellen. Nach ca. 20 h werden ca. 70% Polymerausbeute erreicht.

Dagegen zeigt sich in der spezifischen Viskosität wieder der im Abschnitt 3.3 dargelegte Unterschied: Das Copolymere mit SPMA-Anteil ergab höhere Werte für η_{sp} als das Copolymere mit SPA-Anteil und dieses höhere η_{sp}-Werte als das Homopolymere aus AN (Bild 4). Mit zunehmendem Umsatz zu Polymerem nehmen die η_{sp}-Werte ab, wobei sich die Intensität der Abnahme in obiger Reihenfolge der Co- und Homopolymeren verringert und eine Annäherung der η_{sp}-Werte der Copolymeren an diejenigen des Homopolymerisates erfolgt.

In Bild 4 ist außerdem die Veränderung der Copolymerzusammensetzung bei zunehmendem Umsatz dargestellt. Der Abfall des SPMA-Anteils einerseits und der Anstieg des SPA-Anteils andererseits stehen im Einklang mit den unterschiedlichen r-Werten der beiden Systeme mit AN. Die Zusammensetzung der Copolymeren nähert sich derjenigen des anfänglichen Monomerengemisches. Bei der weniger reaktiven SPA-Komponente ist nach dem Erreichen dieser Zusammensetzung oberhalb 60% Polymerumsatz wieder ein Absinken des SPA-Anteils im Copolymeren festzustellen. Wahrscheinlich ist die Ursache hierfür in der hohen Viskosität der Reaktionslösung und damit in der geringeren Beweglichkeit der Monomer- und Polymerradikale zu suchen.

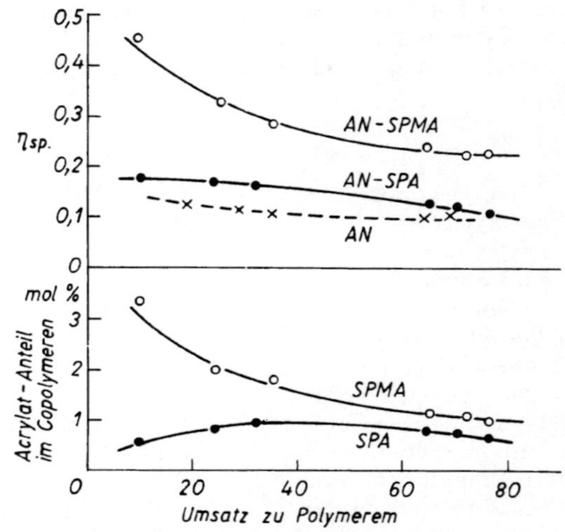

Bild 4. Abhängigkeit der spezifischen Viskosität (η_{sp}) und der Copolymerzusammensetzung vom Umsatz zu Polymerem (zu Bild 3)

4. Zusammenfassung

Aus Natriumacrylat bzw. -methacrylat und 1,3-Propansulton wurden 3-Natrium-Sulfopropylacrylat und -methacrylat erhalten. Diese Verbindungen zeigten bei der binären Copolymerisation mit Acrylnitril in Dimethylsulfoxid unterschiedliches Verhalten. Die Acrylatkomponente wird stets zu geringerem, die Methacrylatkomponente zu größerem Anteil gegenüber dem Monomerenverhältnis zu Acrylnitril in die Polymerkette eingebaut. Entsprechend hat das erstere System einen r-Wert für Acrylnitril > 1, für das Acrylat < 1 und das letztere System einen r-Wert für das Methacrylat > 1, für Acrylnitril < 1. Die aus den r-Werten errechneten e-Werte sind relativ hoch und wahrscheinlich durch die Sulfonatgruppe beeinflußt.

Mit zunehmendem Anteil Acrylat- bzw. Methacrylatkomponente erhöht sich die Bruttogeschwindigkeit der Copolymerisation, wobei die Methacrylatkomponente den größeren Effekt zeigt. Die errechneten *Melville*schen Φ-Werte weisen darauf hin, daß das stärker alternierende System mit dem Methacrylat auch mehr zum Abbruch durch ungleiche Radikale neigt.

Bei der Copolymerisation mit geringen Anteilen Acrylat bzw. Methacrylat im Monomerengemisch mit Acrylnitril in Dimethylformamid wurde eine Erhöhung der spezifischen Viskosität festgestellt, die auf Entknäuelungsvorgänge an den gelösten Makromolekülen zurückgeführt wird. Zeit/Umsatz-Untersuchungen zeigten einen konvergierenden Abfall der η_{sp}-Werte für Co- und Acrylnitrilhomopolymerisate. Die Anteile der Methacrylatkomponente im Copolymeren nahmen mit steigendem Umsatz ab, diejenigen der Acrylatkomponente dagegen zu, wie auf Grund der r-Werte zu erwarten war.

Wir danken Herrn Dr. *J. Dechant* für die spektralanalytischen und Herrn *K. Wedemeyer* für die papierchromatographischen Untersuchungen. Weiterhin gilt unser Dank der chemisch-analytischen Abteilung, insbesondere Herrn *H. Hoyme* und Frl. *Krüger*.

Literatur

[1] USP 2923734 vom 25. 3. 57 (C. A. 1960, 54, 12000a). Dow Chemical Co.: Sulfoesters of α-methylene carboxylic acids.

[2] USP 3024221 vom 25. 3. 57 (C. A. 1962, 57, 2078). Dow Chemical Co.: Sulfoesters of α-methylene carboxylic acids.

[3] JaP. 26590/1963 vom 6. 7. 61 (Ch. Zbl. 1966, S. 12661). Asahi Kasei Kôgyô K. K., Osaka: Herstellung von Acrylnitrilpolymeren.

[4] JaP. 2844/1961 vom 26. 1. 59 (Ch. Zbl. 1963, S. 16399). Asahi Kasei Kôgyô Kabushiki Kaisha, Osaka: Herstellung von Acrylnitrilmischpolymerisaten.

[5] WP 12o/136633 vom 3. 12. 68. Verfahren zur Herstellung von 3-Natriumsulfopropylacrylat und 3-Natriumsulfopropylmethacrylat.

[6] *Helberger, J. H.:* Anlagerung von Bisulfiten an Allylalkohol, Gewinnung von Propansulton. Liebigs Ann. Chemie **588** (1954) S. 71—76.

[7] *Gröbe, V.*, und *Wedemeyer, K.:* Zur Charakterisierung von Natriumallyl- und -methallylsulfonat. Faserforsch. u. Textiltechnik (in Vorbereitung).

[8] *Müller, K.:* Die Bestimmung der Kohlenstoff-Mehrfachbindung, Z. anal. Chemie **181** (1961) S. 126—147.

[9] *Gröbe, V.*, und *Reichert, H.:* Zur Copolymerisation von Acrylnitril mit N-Allyl- und N-Methallyl-N-methylaminoäthansulfonaten. Faserforsch. u. Textiltechnik **20** (1969) S. 131—137.

[10] *Reichert, H.*, und *Gröbe, V.:* Zur Copolymerisation von Acrylnitril mit N-Allylglycin und N-Allyl-β-alanin. Faserforsch. u. Textiltechnik **20** (1969) S. 317—321.

[11] *Brandrup, J.*, und *Immergut, E. H.:* Polymer Handbook. New York/London/Sidney: Interscience Publ./Wiley & Sons 1965.

[12] *Brandrup, J.:* Copolymerisation in heterogenem Medium. Teil I. Faserforsch. u. Textiltechnik **12** (1961) S. 133—140.

[13] *Izumi, Z.*, und *Kitagawa, H.:* Effect of reaction medium on copolymerization of acrylonitrile and methyl acrylate. J. Polymer Sci. **5** (1967) S. 1967—1975.

[14] *Lewis, F. M.*, *Walling, C.*, *Cummings, W.*, *Briggs, E. R.*, und *Wenisch, W. J.:* Copolymerization. VII. Teil. J. amer. chem. Soc. **70** (1948) S. 1527—1529.

[15] *Sandner, B.:* Der Einfluß von Verunreinigungen auf die Lösungspolymerisation des Acrylnitrils unter besonderer Berücksichtigung ungesättigter Verbindungen. Inaugural-Dissertation, TH Leuna-Merseburg 1965.

Eingegangen am 9. September 1969

Zur Reaktion von Polycaprolactam mit Formaldehyd

Teil I. Literaturübersicht

Hans-Heinz Ulrich[1]) *und Gerhard Reinisch*

Deutsche Akademie der Wissenschaften zu Berlin,
Institut für Faserstoff-Forschung in Teltow-Seehof, Abt. Polykondensatfaserstoffe

DK 678.675'126:677.494.675'126:547.281.1:541.124:541.127.1:[678.6.01:53:54]:677.016.673.3/.4:016

Die bis Mitte 1968 erschienenen Publikationen und Patente über die Reaktionen von Formaldehyd mit Polyamiden werden zusammenfassend diskutiert. Im einzelnen werden dabei Darstellung, chemische und physikalische Eigenschaften von N-Hydroxymethyl-, N-Alkoxymethyl- und von N.N'-Methylen-bis-polyamiden, Formaldehydbehandlung von Fadenmaterialien sowie die dabei erzielten textilphysikalischen Eigenschaftsveränderungen behandelt.

О реакции поликапролактама с формальдегидом
Часть 1-я. Обзор литературных данных

Проведен анализ литературных и патентных данных (до середины 1968 года) о реакции формальдегида с полиамидами. В частности, рассмотрены вопросы получения N-оксиметил-, N-алкоксиметил- и N,N'-метилен-бис-полиамидов, их химические и физические свойства, а также обработка волокнистых материалов формальдегидом и связанные с этим изменения физико-механических свойств.

On the Reaction of Polycaprolactam with Formaldehyde
Part I. Literature Review

Literature reports and patents published up to the midst of 1968 on the reaction of formaldehyde with polyamides are reviewed and discussed. Synthesis, chemical and physical properties of N-hydroxymethyl, N-alkoxymethyl and N,N'-methylene bis-polyamides, treatment of fibres with formaldehyde and changes in the mechanical properties of fibres are taken into account.

Analog wie die seit der Jahrhundertwende bekannten Reaktionen zwischen Formaldehyd und Säureamiden [1] verläuft auch die Formaldehydbehandlung linearer Polyamide, die erstmals eingehend von *Cairns* u. Mitarb. [2] an Poly-(hexamethylenadipamid) untersucht wurde. Das überaus große Interesse, das diese Modifizierungsreaktion in den vergangenen 30 Jahren erregte, kommt in zahlreichen Veröffentlichungen und einer noch umfangreicheren Patentliteratur zum Ausdruck.

1. *Allgemeiner Verlauf der Reaktion*

Polyamide reagieren mit Formaldehyd sowohl zu N-Hydroxymethylverbindungen (I) als auch zu vernetzten N.N'-Methylenderivaten (II). Umsetzungen mit Formaldehyd und Alkoholen oder Mercaptanen ergeben N-Alkoxymethylpolyamide (IV) oder N-Alkylthiomethyl-Polyamide (VI). Der Einbau kurzer Polyoxymethylenketten (III, V) (analog der Einwirkung von Äthylenoxid auf Polyamide [3] wird diskutiert [2, 4, 5], ist aber analytisch noch nicht sicher nachgewiesen worden.

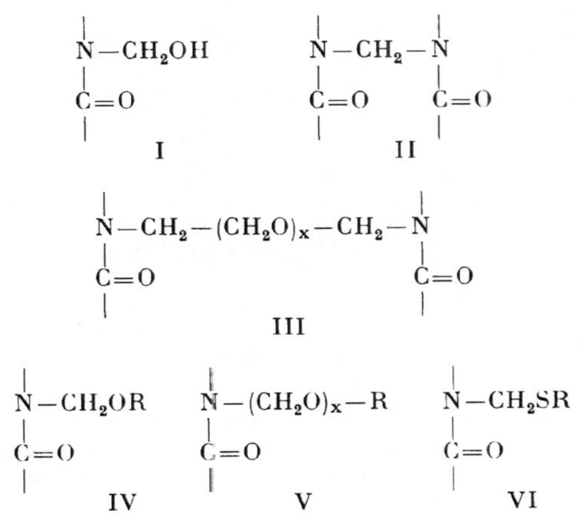

[1]) Teil der beabsichtigten Dissertation, Friedrich-Schiller-Universität, Jena 1970

Die Herstellung von N-Hydroxymethylpolyamiden (I) gelingt in Gegenwart von Säuren und Basen, während die Bildung der anderen Polyamidderivate (II bis VI) nur von Säuren katalysiert wird. Ähnlich sind die Verhältnisse bei einer Umkehr der Reaktion. Die Hydroxymethylgruppen werden durch saure und alkalische Hydrolyse entfernt. Dagegen sind die alkoxymethylierten oder vernetzten Polyamide gegenüber Basen beständig, sie werden jedoch von Säuren hydrolysiert. Gleiches Verhalten zeigen die bereits länger bekannten Formaldehydderivate entsprechender monomerer Amide oder analoge Formale [1].

Im IR-Spektrum von methoxymethyliertem Poly-(hexamethylenadipamid) ist kein Anhaltspunkt für die Anlagerung des Formaldehyds an den Hydroxylsauerstoff der tautomeren Lactimform unter Iminoätherbildung zu finden, während jedoch gleichzeitig gegenüber dem unbehandelten Polyamid eine dem Substitutionsgrad proportionale Verminderung der Intensität verschiedener N—H-Schwingungen auftritt.

Gewöhnlich reagiert das Polyamid nur mit einem Teil seiner freien Amidgruppierungen. Bei Reaktionen in der homogenen Phase ist die Höhe des Substitutionsgrades vor allem von der relativen Formaldehydmenge abhängig. Weiter beeinflussen Temperatur, Art des Katalysators (Stärke der Säure oder Base) sowie des Verdünnungsmittels die Formaldehydanlagerung.

Bei N-Methoxymethylpolyamiden schlossen einige Autoren aus der Tatsache, daß der nach *Zeisel* bestimmte Methoxylgehalt etwas geringer als die gefundene Formaldehydmenge ist, auf die Existenz von Oligooxymethylenketten in den Zweigen [2, 4, 5]. Lediglich *Thümmler* und *Mäusebach* [6] konnten aus dem durch Zusammenschmelzen eines Mischpolyamids mit Paraformaldehyd bei 200 bis 220 °C erhaltenem Reaktionsprodukt eine Substanz isolieren, die auf Grund der Elementaranalyse und ihres IR-Spektrums Oligooxymethylenbrücken enthielt. Bei Behandlung desselben Polyamids mit gasförmigem Formaldehyd bei gleicher Temperatur wurden nur Methylenvernetzungen gefunden.

Bei der thermischen Vernetzung von Hydroxymethylpolyamiden sind zwei Wege möglich:

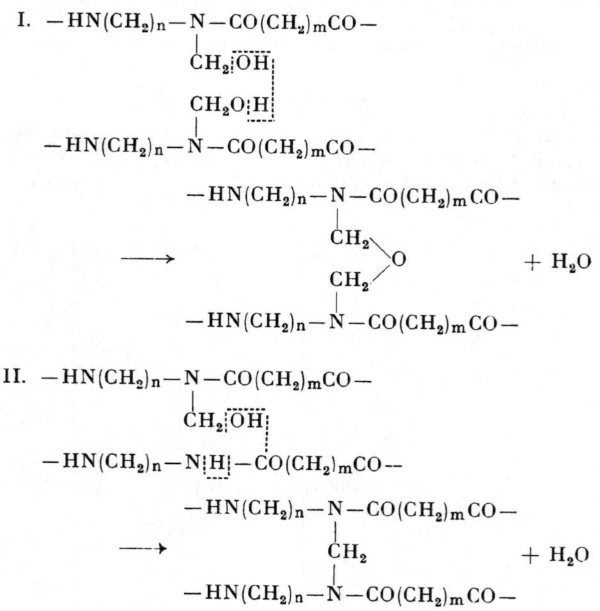

Raiburd u. Mitarb. [7] schlossen auf Grund IR-spektroskopischer Untersuchungen die Bildung von Methylenäthervernetzungen (I) beim thermischen Härtungsprozeß von Hydroxymethylpolyamid aus.

2. *N-Hydroxymethylpolyamide*

N-Hydroxymethylpolyamide als definierte chemische Substanzen erhält man sowohl in Anwesenheit von Basen [2, 8, 9] als auch von schwächeren Säuren [2, 8, 10, 11, 12]. Gewöhnlich löst man die Polyamide in Ameisensäure und setzt sie bei maximal 60 °C mit wäßrigem Formaldehyd oder mit Paraformaldehyd um [2, 8, 11 bis 15]. Die Reaktion muß sehr sorgfältig überwacht werden, um Vernetzungen über Methylenbrücken, die sich durch schnelle Viskositätszunahme der Lösung und Gelbildung erkennen lassen, zu vermeiden. Außerdem besteht unter diesen Bedingungen die Gefahr eines hydrolytischen Abbaus der Polyamidketten [11, 12]. Besser kontrollierbar ist die Umsetzung im alkalischen Medium. Nach Angaben der Patentliteratur [9] führt man die Reaktion in inerten Lösungsmitteln, wie Dimethylformamid, Chloroform, Toluol oder Dioxan aus, die die Polyamide bei höherer Temperatur quellen bzw. lösen. Als Katalysatoren dienen vor allem Alkalisalze oder -hydroxide; eine andere Möglichkeit besteht darin, Polyamid und Paraformaldehyd zusammen mit Pyridin, das gleichzeitig als Lösungsmittel und Katalysator dient, in einem Druckgefäß auf 130 bis 140 °C zu erhitzen [2, 8, 9]. Die Hydroxymethylierung von Mischpolyamiden [16, 17] gelingt bereits in nahezu neutraler, wäßriger oder alkoholischer Lösung in der Hitze, evtl. in Gegenwart von Quellmitteln wie N-substituierten Amiden und Lactamen.

Reine Hydroxymethylierung an geformten Gebilden, wie Fasern und Geweben, wurde bis jetzt noch nicht beschrieben.

Hydroxymethylpolyamide werden bei 20 bis 25% Substitution in Alkohol/Chloroform- und Alkohol/Wasser-Gemischen löslich und lassen sich daraus zu Filmen oder Folien gießen. Sie behalten ihre Löslichkeit in den bekannten Polyamidlösungsmitteln. Mit steigendem Substitutionsgrad sinkt der Schmelzpunkt, die Elastizität nimmt zu und die Zugfestigkeit ab. Der Zusammenhang zwischen Substitution und Veränderung der physikalischen Eigenschaften ist etwa der gleiche wie bei den N-Alkoxymethylpolyamiden und wurde dort eingehend untersucht [2].

Hydroxymethylpolyamide sind leicht veränderlich. So wird bereits bei mildem Erhitzen unter teilweiser Wiederherstellung der ursprünglichen Amidgruppen Formaldehyd abgespalten [18, 19, 20]. Vernetzung durch thermische Behandlung (wie bei Amino- oder Phenoplasten) tritt, wenn überhaupt, nur in untergeordnetem Maße auf. Bei Temperaturen von ca. 50 grd unterhalb des Polymerenschmelzpunktes tritt auch in Abwesenheit von Sauerstoff Zersetzung unter Braunfärbung ein [12].

Sowohl durch Basen als auch durch Säuren werden die N-Hydroxymethylgruppierungen leicht gespalten. Bereits wenige Tropfen Diäthylamin oder verdünnte Natronlauge spalten bei einem in 96%igem Äthanol löslichen Hydroxymethylpolycaprolactam soviel Formaldehyd ab, daß es seine Alkohollöslichkeit verliert und spontan aus der heißen Lösung ausfällt [12]. Geformte Gebilde aus hochsubstituierten N-Hydroxymethylpolyamiden können durch Behandlung mit verdünnten wäßrigen Basen [21, 22] oder Säuren [20, 23] in Alkohol unlöslich gemacht werden.

3. *Alkoxymethylpolyamide*

Bei gleichzeitiger Einwirkung von Formaldehyd und Alkoholen in Anwesenheit von Säure (Basen katalysieren diese Reaktion nicht) entstehen die im Vergleich zu den N-Hydroxymethylpolyamiden chemisch beständigeren N-Alkoxymethylderivate. Als günstigste Variante erwies sich wiederum das Arbeiten in ameisensaurer Lösung [2, 5, 7, 8, 22, 24, 25, 26]. Auch hier müssen die Reaktionsbedingungen sorgsam ausgewählt und überwacht werden, um eine Vernetzung über Methylenbrücken zu vermeiden.

Bringt man das Polymere nicht in Lösung, so muß die Temperatur auf 100 bis 150 °C erhöht werden. Da hierbei bereits die Neigung zum Kettenabbau besteht, gibt man den Katalysator, z. B. H_3PO_4, erst dann zum Alkohol/Formaldehyd/Polyamid-Gemisch, wenn die erforderliche Reaktionstemperatur erreicht ist [2, 8, 27, 28, 29]. Zur Alkoxymethylierung von Fäden werden diese mit sauren Katalysatoren getränkt und bei 100 bis 150 °C mit einem Alkohol/Formaldehyd-Dampfgemisch behandelt [4, 30, 31]. Die nach einem dieser Verfahren hergestellten Alkoxymethylpolyamide sollten je nach den Reaktionsbedingungen noch geringe Mengen N.N'-Methylen-bis- und N-Hydroxymethylgruppen enthalten.

Zur Verätherung werden hauptsächlich niedere aliphatische Alkohole, überwiegend Methanol, verwendet. Die Reaktion mit ungesättigten Alkoholen, z. B. Allylalkohol [32], führt zu den thermisch härtbaren N-Alkenoxymethylpolyamiden [32, 33]. Aus der Vielzahl anderer Hydroxyverbindungen, die in Kombination mit Formaldehyd als Modifizierungsreagenzien genannt werden, können hier nur einige Beispiele, wie Hydroxycarbonsäuren [34], Äthylenchlorhydrin [35], Benzylalkohol [36], Phenol [27] und dessen Derivate [37, 38, 39] Erwähnung finden. Die Reaktion wird sowohl am bereits vorgefertigten Hydroxymethylpolyamid [17, 40, 41, 42], vor allen Dingen jedoch als Einstufenreaktion bei gleichzeitiger Anwesenheit von Formaldehyd und Hydroxyverbindungen ausgeführt. Mit Phenol als Reaktionspartner entstehen Polyamide mit Phenol-Formaldehyd-Seitenketten [43].

Diese Produkte besitzen Interesse als Lackrohstoffe.

4. *N.N'-Methylenpolyamide*

Polyamide können einmal direkt mit Formaldehyd und Säuren über Methylenbrücken vernetzt werden, zum anderen reagieren die Hydroxymethyl- oder Alkoxymethylgruppen beim Erhitzen in Gegenwart von Säuren zu N.N'-Methylenbisderivaten. Als Vernetzungskatalysatoren wurden mehrbasische organische Säuren, wie Oxal-, Malein- und Citronensäure, anorganische Säuren (Borsäure, Salzsäure) und sauer hydrolysierende Salze (Ammoniumchlorid) verwendet. Zur direkten Vernetzung wird das Polyamid in gequollenem Zustand mit einer Formaldehydlösung, deren pH nicht unter 3 liegt, umgesetzt [12, 18, 28, 44 bis 53]. Die Arbeitstemperatur soll dabei 60 bis 80 °C nicht übersteigen, da sonst die Gefahr des hydrolytischen Abbaus besteht. Bei der Umsetzung mit gasförmigem Formaldehyd verfährt man so, daß die Gegenstände (Fäden, Gewebe) in der Regel mit einem Katalysator imprägniert und nach sorgfältiger Trocknung mit Formaldehyd oder Formaldehyd/Methanol-Dampf bei 100 bis 150 °C kurze Zeit behandelt werden [4, 30, 31, 54 bis 57].

Gabler [58] erhielt ein modifiziertes Polycaprolactam mit einem um 80 bis 150 °C erhöhtem Schmelzpunkt, als er Fasern ohne Katalysator mehrere Stunden bei 120 bis 180 °C monomerem Formaldehyd aussetzte. Ebenfalls vernetzte Strukturen fanden andere Autoren in den Umsetzungsprodukten von Polyamiden mit gasförmigem Formaldehyd [6, 59] oder beim Zusammenschmelzen mit Paraformaldehyd bei 200 bis 220 °C [6, 60]. Dabei entstehen jedoch braungefärbte Massen.

Günstiger verläuft dagegen nach Angaben der Patentliteratur die Formaldehydbehandlung von Mischpolyamiden oder weichmacherenthaltenden Polyamiden bei etwas tieferen Temperaturen. Diese Polymeren werden zunächst mit Paraformaldehyd zu einer teigigen Masse verknetet und dann kurze Zeit erhitzt.

Alle diese Produkte enthalten außer Methylenvernetzungen zum Teil erhebliche Mengen an Hydroxymethyl- oder Alkoxymethylgruppen. Durch Erhitzen, am besten in Gegenwart eines sauren Katalysators, werden die thermisch instabileren Substituenten weitgehend abgespalten oder teilweise in Methylenbrücken umgewandelt. Die Vernetzungsreaktion wird hauptsächlich an geformten Gegenständen ausgeführt. Fand die Formaldehydbehandlung in einem Lösungsmittelbad statt, so werden die Fasern daraus entfernt, die überschüssige Flüssigkeit abgepreßt und die noch feuchten, mit Katalysator durchtränkten Proben kurze Zeit auf Temperaturen zwischen 100 und 150 °C erhitzt [46, 49 bis 52]. Wegen der thermischen Unbeständigkeit der Alkoxymethyl- und besonders der Hydroxymethylgruppen tritt dabei erheblicher Formaldehydverlust auf.

Die auffälligsten Eigenschaften der vernetzten Produkte sind zunächst ihre Beständigkeit gegenüber Lösungsmitteln und der im Vergleich zum Ausgangspolymeren stark erhöhte Schmelzpunkt. Die für Polyamide typischen Lösungsmittel, Phenol und m-Kresol, lösen Methylen-bis-polyamide auch in der Hitze nicht, sondern quellen sie nur. In kalter Ameisen- oder Schwefelsäure sind die methylenvernetzten Polyamide bedeutend schwerer löslich als die unsubstituierten Polyamide. Sie gehen erst nach längerer Zeit und unter Formaldehydabspaltung in Lösung. Bereits Polyamide mit geringem Vernetzungsgrad zeigen erhöhten Schmelzpunkt, stark vernetzte sind sogar unschmelzbar. Beim Erhitzen bis auf etwa 160 °C tritt nach bisherigen Beobachtungen keine Formaldehydabspaltung ein, bei weiterem Erhitzen erfolgt ebenfalls wie bei den Hydroxymethyl- und Alkoxymethylderivaten Formaldehydabspaltung [61] und Braunfärbung.

Die N.N'-Methylenpolyamide sind gegen alkalische Lösungen beständig, werden jedoch, wenn auch langsamer als die unvernetzten Formalisierungsprodukte, von verdünnten Mineralsäuren gespalten.

5. *Folgereaktionen an den Hydroxymethyl- und Alkoxymethylgruppen*

Überraschend glatt verläuft die Bildung der N-Alkylthiomethylpolyamide [2, 8, 62] aus N-Methoxymethylpolyamid und einem Mercaptan. So gelingt z. B. die Reaktion mit recht sperrigen Mercaptanen, wie Octadecylmercaptan, 1-Thiosorbit und N.N'-Diäthyl-β-mercaptoäthylamin [62] zu den entsprechenden Alkylthiomethylpolyamiden und genau so gut mit Thioharnstoff [62 bis 65] zu den wasserlöslichen S-Alkylisothioharnstoffsalzen (I), die wiederum als Ausgangspunkt für Folgereaktionen dienen. Je nach der zur

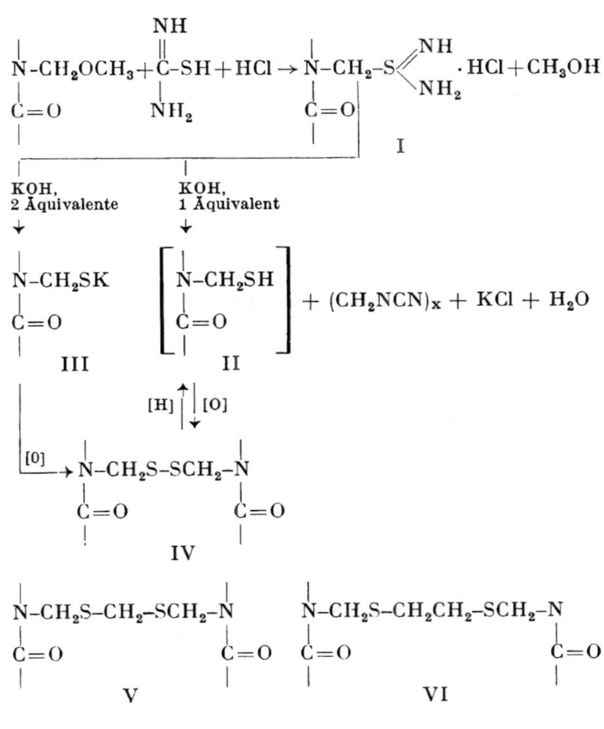

Spaltung des Salzes verwendeten KOH-Menge entsteht entweder N-Mercaptomethylpolyamid (II) oder dessen Kaliumsalz (III). Durch Oxydation von II und III erhält man über Disulfidbrücken vernetztes Polyamid (IV). Die Vernetzung der Mercaptogruppen kann auch mit Methylenjodid oder 1,2-Dibromäthan erreicht werden, und man erhält Produkte mit den Strukturen V und VI [65].

Mehrwertige Hydroxyverbindungen (z. B. Äthylenglykol, Glycerin, Triäthanolamin [17] oder Polyvinylalkohol [41, 42]) reagieren sowohl mit einer als auch mit mehreren N-Hydroxymethylgruppen entsprechend substituierter Polyamide. Die Stabilität der Reaktionsprodukte gegenüber organischen Lösungsmitteln deutet darauf hin, daß dabei Vernetzungen entstehen [17, 41].

N-Hydroxymethylgruppen lassen sich auch mit reaktionsfähigen Stickstoffverbindungen, wie cyclischen Aminen [13, 17], Säureamiden [17], Harnstoff [17, 40] und Verbindungen vom Proteintyp [40] weiter umsetzen. Die Verhältnisse bei diesem Reaktionstyp sollten ähnlich wie bei den von *Meyer* [12] durchgeführten Versuchen am N-Hydroxymethylcaprolactam sein:

Kondensation zu *Mannich*-Verbindung und Eliminierung der Hydroxymethylgruppen laufen nebeneinander ab. In einem japanischen Patent [13] wird die Umsetzung von hydroxymethyliertem Polycaprolactam mit Piperazin beschrieben; es entsteht ein harzartiges Produkt mit einem Schmelzpunkt von 110 bis 120 °C.

Eine weitere Gruppe von Folgereaktionen der N-Hydroxymethylpolyamide bilden die Additionsreaktionen der OH-Gruppen an energiereiche Doppelbindungen oder Ringsysteme z. B. Acrylnitril [66] oder Epichlorhydrin [67].

6. *Formaldehydbehandlung von Fadenmaterialien*

N-Hydroxymethyl- und N-Alkoxymethylpolyamide aus der Schmelze zu spinnen (N.N′-Methylenpolyamide scheiden wegen ihrer erschwerten oder gänzlich verlorengegangenen Schmelzbarkeit von vornherein aus), ist nicht möglich, da sich diese Substanzen in der Nähe ihres Schmelzpunktes auch unter Luftausschluß braun färben. Beim Versuch, Polyamid und Paraformaldehyd zusammenzuschmelzen, entstehen daher auch nur braune Massen [6]. Lediglich Mischpolyamide mit niedrigerem Schmelzpunkt sind für dieses Verfahren geeignet. So läßt sich ein Copolykondensat aus 60 Teilen Hexamethylendiammoniumadipat und 40 Teilen ε-Caprolactam zusammen mit Paraformaldehyd oder „DELRIN" bei 205 °C extrudieren und anschließend in einer Schmelzspinneinrichtung verarbeiten [60]. Alkohollösliche N-Hydroxymethyl- und N-Methoxymethylpolyamide können aus ihren Lösungen gesponnen und nachträglich unlöslich gemacht werden [20, 24], indem man sie einige Zeit im sauren Fällbad beläßt oder in noch feuchtem, säuredurchtränktem Zustand heiß reckt. Gleiche Teile Poly-ε-caprolactam und methoxymethyliertes Polycaprolactam wurden aus einer 15%igen Lösung (Lösungsmittel: Methanol mit 30 Masse% $CaCl_2$) gesponnen. Die Fäden enthielten nach dem Recken Methylenvernetzungen [24].

Methodisch einfacher ist dagegen die Formaldehydbehandlung bereits vorgefertigter Gegenstände in heterogener Phase, wobei generell zwei Wege möglich sind. Einmal wird das Material bei Temperaturen um 60 °C mit einer wäßrigen oder alkoholischen, einen Katalysator enthaltenden Formaldehydlösung umgesetzt [44, 45, 46, 48 bis 53]. Die andere Variante besteht darin, die mit einem geeigneten Katalysator imprägnierte Faser bei 100 bis 150 °C in Abwesenheit von Feuchtigkeit und Sauerstoff Formaldehyd oder Formaldehyd/Alkohol-Dampf auszusetzen [4, 30, 31, 54, 55, 57]. *Lewis* und *McCreath* [30] empfehlen, Quellung bzw. Auflösung des Polyamids während der Methoxymethylierung durch vorhergehende Vernetzung mit Formaldehyd oder Diisocyanaten zu verhindern. Völlig unvernetzte, hochsubstituierte N-Hydroxymethyl- oder N-Methoxymethylpolyamide werden nicht angestrebt, da niedriger Schmelzpunkt und gute Löslichkeit in organischen Lösungsmitteln keine wünschenswerten Fasereigenschaften sind. Durch thermische Nachbehandlung kann eine teilweise Abspaltung der N-Methoxymethyl-, vor allen Dingen jedoch der N-Hydroxymethylgruppen und gleichzeitige Vernetzung vorgenommen werden. In der Regel erhitzt man die mit Formaldehyd behandelten Fäden oder textilen Flächengebilde, ohne die eingedrungene Säure auszuwaschen, kurze Zeit auf 100 bis 150 °C [46, 49 bis 52].

Zuweilen wird das Material nach der Formaldehydbehandlung einer Kalt- [51] oder Heißreckung [24, 38] unterzogen.

Für spezielle Zwecke, wie z. B. Verbesserung der Anfärbbarkeit oder der Verträglichkeit gegenüber Gummi, dient die Behandlung mit Aminoplasten [68, 69] oder Phenol/Formaldehyd-Harzen [37, 38]. Die Affinität von Polyamid gegenüber Direktfarbstoffen wird durch Imprägnieren der Faser mit einer wäßrigen, essigsauren Lösung von Formaldehyd und Cyanamid oder einem Cyanamidderivat und anschließendes Backen erhöht [69].

Die physikalischen Eigenschaften der formaldehydmodifizierten Polyamide werden in erster Linie von der Art (mono- oder bifunktionell) und der Zahl der Substituenten bestimmt. Die Besetzung der Amidwasserstoffatome mit Hydroxymethyl-, jedoch besonders mit Alkoxymethylgruppen, führt als Folge der Verringerung der Zahl intermolekularer Wasserstoffbrücken und der Raumbeanspruchung der Substituenten zu einer Störung der lateralen Ordnung. Die Folgen sind Verbesserung der Löslichkeit, Absinken des Schmelzpunktes, der Reißfestigkeit sowie des Anfangsmoduls und Zunahme der Elastizität. Die Verätherung der Hydroxymethylgruppen mit längerkettigen Alkoholen als Methanol führt zu keinen Unterschieden, weil offenbar die Methoxymethylgruppe schon allein groß und sperrig ist.

Der Einfluß der Substitution auf die physikalischen Eigenschaften von Folien aus N-Methoxymethylpoly-(hexamethylenadipamid) ist in Tabelle 1 angegeben. Dabei wurde in homogener Phase methoxymethyliert. Die Werte gelten also für statistische Verteilung der Substituenten.

Durch Methylenbrücken erhält das Polymere eine dreidimensionale Struktur. Die Folge ist eine Vergrößerung der Packungsdichte, erkennbar an der Zunahme der Dichte [55] gegenüber dem unbehandelten Polyamid, und eine Verringerung der Beweglichkeit der Polymersegmente. Das Material wird steifer und besitzt erhöhten Schmelzpunkt sowie verbesserte Thermostabilität. Die Vernetzung der linearen Polyamide kommt in einer Verringerung der Dehnbarkeit bei gleichzeitig erhöhtem Elastizitätsmodul zum Ausdruck und führt in der Regel zur Erhöhung der Festigkeit

Tabelle 1. Physikalische Eigenschaften von N-Methoxymethyl-poly-(hexamethylenadipamid) [2]

	66 unbehandelt	N-Methoxymethyl-66 35 % Amidsubstitution	N-Methoxymethyl-66 50% Amidsubstitution
Max. Konzentration in heißem 80%igem Äthanol in %	0	ca. 40	60
Schmelzpunkt in °C	264	150···160	100···110
Erholung von 100% Dehnung in %	30···35	70··· 80	90··· 95
Reißkraft in %*)	100	ca. 60	ca. 30
Anfangsmodul in %*)	100	5	1

* bezogen auf das Ausgangspolymere.

[54, 60, 72, 73]. Zugfestigkeit und Modul der vernetzten Polyamide, bei höherer Temperatur oder unter Normbedingungen nach vorhergehender thermischer Behandlung bestimmt, sind stets höher als die vergleichbaren Werte für das unbehandelte Polyamid. Schmelzpunkt und Temperatur des Fadenreißens unter dem Eigengewicht bzw. einer geringen Vorlast (z. B. 0,1 p/den), besonders im angelsächsischen Sprachgebrauch unter der Bezeichnung „Nullfestigkeit" noch häufig zur Charakterisierung des thermischen Verhaltens von Fasern benutzt, steigen mit der Zahl der Methylenbrücken. Die Ursache der verbesserten Thermostabilität vernetzter Fasern soll die bevorzugte Zerstörung der intermolekularen chemischen Bindungen während des thermooxydativen Abbaus sein [74], wodurch die Makromoleküle selbst zunächst weniger in Mitleidenschaft gezogen werden.

Sind beide Typen von substituierenden Gruppen (Methoxymethyl-, Methylen-) vorhanden, werden sich diese Einflüsse überlagern.

Von wesentlicher Bedeutung für das Ausmaß der Substitution sowie der Verteilung der Substituenten und damit von Einfluß auf die Eigenschaften des Endproduktes ist die morphologische Beschaffenheit des Ausgangsmaterials. Nichtgereckte, nur wenig orientierte, Fäden nehmen unter gleichen Bedingungen mehr Formaldehyd auf als hochorientierte. Während die nichtgereckten Fäden gleichmäßig substituiert sind, werden bei den gereckten bevorzugt die Regionen geringer Ordnung angegriffen. Die hochgeordneten Bereiche bleiben nahezu unverändert. Vor dem Recken gequollene Fäden (mit besonders hohem Ordnungsgrad) zeigen geringere Reaktivität als Poly-(hexamethylenadipamid)-Garne gleichen Reckverhältnisses ohne Vorbehandlung. Dagegen reagieren sowohl gereckte als auch nicht gereckte Copolymerfäden aus Adipinsäure, Sebacinsäure, Hexamethylendiamin und ε-Caprolactam, die äußerst wenig geordnet sind, noch bedeutend schneller als nicht gerecktes Polyamid 66 [4].

Weiterhin muß berücksichtigt werden, daß wahrscheinlich die Substitution nicht gleichmäßig über den Faserquerschnitt erfolgt, sondern die Randzonen bevorzugt werden. Das konnte sowohl am Beispiel bifunktioneller (Dimethylendisulfid [64], α,ω-Dicarbamoylalkylen [75]) und auch monofunktioneller (Benzoyl- [76]) Substituenten nachgewiesen werden.

Unorientierte Fasern werden durch Methoxymethylgruppensubstitution hochelastisch. Der Anteil reversibler Dehnung erhöht sich auf Kosten der bleibenden Dehnung mit steigendem Formaldehydgehalt. Wenn 45 bis 50% der Amidgruppen substituiert sind, beträgt die Erholung von der Deformation 90 bis 95% bei einer Ausdehnung bis zu 500% der Originallänge [2] oder 95 bis 99%, wenn das Material nur bis zur Hälfte der Bruchdehnung verformt wird [4].

Gereckte Fäden zeigen elastisches Verhalten erst bei hoher Methoxymethylgruppensubstitution und dann auch nur in geringerem Ausmaße [4]. Unorientierte Fäden mit 35 bis 55% Substitution der —CONH-Gruppen sind hochelastisch [53]. Ein Gewebe, das die unorientierte Faser im Schuß und die orientierte in der Kette enthält, wird elastisch in Richtung der nichtgereckten Faser (one-way-stretch).

Bereits bei geringem Anteil von Quervernetzungen in N-Hydroxymethyl- und N-Alkoxymethylpolyamiden werden die Fasern unlöslich und unschmelzbar, während die durch die Modifizierung erreichte Elastizität kaum beeinflußt wird. Derartige Produkte entstehen, wenn nichtgereckte, mit Oxalsäure imprägnierte Poly-(hexamethylenadipamid)-Fäden 5 bis 30 min bei 90 bis 130 °C Formaldehyd/Methanol-Dampf ausgesetzt werden [4, 30, 31]. Das gleiche Ergebnis bringt die Behandlung mit einer methanolischen Formaldehydlösung, deren pH nicht unter 3 liegt [30, 53].

Überwiegt die Zahl der Methylenvernetzungen gegenüber den Hydroxymethyl- und Methoxymethylgruppen, so gehen Plastizität und Elastizität stark zurück. Werden unorientierte Polyamid-66-Fäden mit wäßrigem Formaldehyd in Gegenwart eines sauren Katalysators behandelt und anschließend kurz auf 100 bis 150 °C erhitzt, dann lassen sie sich auf nicht mehr als 75% ihrer Originallänge kalt recken [50]. *Waltz* [52] benutzt ein ähnliches Verfahren zur Erhöhung des Schmelzpunktes und zur Verminderung der Dehnbarkeit von Nähgarn aus Poly-(hexamethylenadipamid). Im Vergleich zum unbehandelten Polyamid höher schmelzende Fäden mit verminderter Dehnbarkeit und verbessertem Farbstoffaufnahmevermögen erhält man, wenn wenigstens 20% der Amidgruppen mit Hydroxymethyl- oder Methoxymethylgruppen substituiert sind und das Material anschließend kalt gereckt und mit einem Säurekatalysator imprägniert bei 110 °C vernetzt wird [51]. Geringfügig gereckter Reifencord aus 80 Teilen Poly-(hexamethylenadipamid) und 20 Teilen Poly-(hexamethylen-iso-phthalamid) passiert ein Resorcin/Formaldehyd-Bad, wird ausgepreßt auf 12% innerhalb von 20 s bei 200 °C gereckt und besitzt als Ergebnis dieser Behandlung einen Elastizitätsmodul von 46,2 p/den und eine Bruchdehnung von nur 12,3% [38]. Bei gereckten Fäden wird durch die Vernetzung die ohnehin schon geringe Dehnbarkeit weiter vermindert.

Gabler [58] erhöht den Schmelzpunkt von Polycaprolactamfäden (kalt gereckt) durch Behandlung mit trockenem, gasförmigem Formaldehyd bei 120 bis 180 °C in einer Inertgasatmosphäre und in Abwesenheit eines Katalysators. Durch die Formaldehydbehandlung von gerecktem Polycaprolactam werden der Elastizitätsmodul um etwa 20% und gleichzeitig die Beständigkeit gegen Hitze und Oxydation erhöht [46]. Nach einem anderen Verfahren [37] werden Polycaprolactamfäden mit einer wäßrigen Formaldehydlösung, die eine mit Formaldehyd kondensationsfähige aromatische Hydroxyverbindung enthält, getränkt und auf 180 °C unter Stickstoff und leichter Belastung erhitzt. An Eigenschaftsveränderungen werden erhöhter Schmelzpunkt und verringertes elastisches Fließen genannt. Eine ungarische Arbeitsgruppe [54] erzielte eine Erhöhung des Gesamtelastizitätsmoduls um 44,8%, bei gleichzeitigem Anstieg der Reißfestigkeit um 18,3% und einer Verminderung der Reißdehnung um 18,4%, indem das gereckte, mit Ammoniumchlorid imprägnierte Polycaprolactam 15 min bei 155 °C monomerem Formaldehyd ausgesetzt wurde.

Orientiertes Material unterliegt mit steigender Zahl der Quervernetzungen einer Schrumpfung [4, 55], die bis zu 50% der Ausgangslänge betragen kann. Unter bestimmten Bedingungen tritt dabei starke Kräuselung auf, und das Produkt hat wollähnlichen Charakter. *Bruck* [64] sieht als Ursache der Selbstkräuselung über Disulfidbrücken vernetzter, orientierter Polycaprolactamfäden die ungleichmäßige Verteilung der Vernetzungsstellen über den Querschnitt und längs der Faserachse an. So soll die Faser aus einem unsymmetrischen, äußeren Anteil mit hohem Vernetzungsgrad und einem ebenfalls unsymmetrischen, inneren Anteil mit weniger Vernetzungen bestehen. Ähnlich dürfte auch die Verteilung der Methylenbrücken bei den durch die Formaldehydbehandlung gekräuselten Polyamidfäden sein. Gekräuselte Produkte entstehen, wenn die gereckte Polycaprolactamfaser bei 80 °C in einer wäßrigen [45] oder äthanolischen [44] Formaldehydlösung, deren pH nicht unter 3 liegt, aufbewahrt wird. *Graham* [56] setzt orientierte, mit einem Säurekatalysator imprägnierte Polyamid-Fäden bei 150 °C mit monomerem Formaldehyd um und erhitzt sie wenige Sekunden in entspanntem Zustand auf 10 bis 50 grd unterhalb ihres Schmelzpunktes, bis sie wenigstens um 50% geschrumpft sind. Die flockigen, wollähnlich gekräuselten Fäden besitzen als Ergebnis der Formaldehyd- und Hitzebehandlung verbesserte Beständigkeit gegenüber organischen Lösungsmitteln, erhöhten Schmelzpunkt und verbessertes Farbstoffaufnahmevermögen. Die geschrumpften Produkte lassen sich auf etwa das Doppelte ihrer Länge wieder ausziehen, während die Ausgangsfaser nur um etwa 15 bis

20% dehnbar war. *Graham* und *Schupp* [57] führten diesen Prozeß durch Erhitzen des gereckten, heißfixierten, säuregetränkten Materials mit Formaldehyd aus, indem das Gewebe zur Verminderung des Schrumpfes in festen Dimensionen gehalten wird.

Mit steigender Zahl der Quervernetzungen wird von einigen Autoren, z. B. *Kudrjavcev* u. Mitarb. [55], ein enormer Abfall der Reißfestigkeit beobachtet. Die Hauptursache des Festigkeitsverlustes dürfte wohl ein säurehydrolytischer und thermischer Abbau der Polyamidketten während der Formaldehydbehandlung sein. Zur Erzielung eines hohen Vernetzungsgrades an den gereckten Fäden wandten diese Autoren nämlich recht drastische Bedingungen an, z. B. wurde das Material 24 h in einer 10%igen äthanolischen Borsäurelösung bei Raumtemperatur aufbewahrt, getrocknet und anschließend im imprägnierten Zustand 2 h zusammen mit Formaldehyd auf ca. 135 bis 140 °C erhitzt [55].

Literatur

[1] Vgl. *Walker, I. F.:* Formaldehyde. 3. Edn., New York: Reinhold Publ. Corp. 1964.

[2] *Cairns, T. L., Foster, H. D., Larchar, A. W., Schneider, A. K.*, und *Schreiber, R. S.:* Preparation and properties of N-methylol, N-alkoxymethyl and N-alkylthiomethyl polyamides. J. amer. chem. Soc. **71** (1949) S. 651–655.

[3] *Haas, H. C., Cohen, S. G., Oglesby, A. C.*, und *Karlin, E. R.:* Hydroxyethyl nylon, a new flexible superpolyamide derivative. J. Polymer Sci. **15** (1955) S. 427–446.
Petuchov, B. V., und *Pakšver, A. B.:* Erholung der Hydrophilität beim Hydroxymethylieren von KAPRON-Fasern. Kolloid-Ž., Moskva **18** (1956) S. 741–744.
Rafikov, S. R., Chelnokova, G. N., und *Gribkova, P. N.:* Chemische Umwandlungen Polymerer. II. Über die Polyoxyäthylierung von Polyamiden. Vysokomol. Soed. (Hochmol. Verbind.) **1** (1959) S. 378–386.
Rafikov, S. R., Chelnokova, G. N., Žuravlene, I. V., und *Gribkova, P. N.:* Oxyäthylierung von Polyamiden. Mezhdunarod. Simpozium po Makromol. Khim., Doklady, Moskva 1960, Sektsiya 3, S. 184–190.
Ikemura, T.: Oxyethylation of nylon 6. Kobunshi Kagaku, Tokyo (Chem. High Polymers) **18** (1961) S. 71–74; ref. in: Chem. Abstr. **56** (1962) 1588.

[4] *Lewis, J. R.*, und *Reynolds, R. J.:* N-Substitution in polyamides. Chem. and Ind. **45** (1951) S. 958–961.

[5] *Ambekar, V., Ashar, K.*, und *Champetier, G.:* Über N-Methoxymethyl-polyundecanamide. CR Acad. Sci., Paris **249** (1959) S. 2076–2078.

[6] *Thümmler, W.*, und *Mäusebach, D.:* Untersuchungen über die Wirkungsweise von Polyamiden bei der Stabilisierung von Polyformaldehyd. Plaste u. Kautschuk **13** (1966) S. 387–393.

[7] *Raiburd, M., Rodivilova, L. A., Vlasova, K. N., Shabadash, A. N.*, und *Igonin, L. A.:* Untersuchung des Erhärtungsprozesses von Methylolpolyamidharzen. Plast. Massy, Moskva (Plast. Massen) (1960) 7, S. 20 bis 22.

[8] *Cairns, T. L., Gray, H. W., Schneider, A. K., Schreiber, R. S., Foster, H. D.*, und *Larchar, A. W.:* Alkoxymethyl-polyamide. Kunststoffe **39** (1949) S. 124 und S. 261.

[9] Improvements in or relating to synthetic linear polyamides. Du Pont, USP 2443486 vom 30. 12. 1943; ref. in: Chem. Zbl. (1949 I) 543 (≙ GBP 584561).

[10] Herstellung makromolekularer, linearer, in Alkoholen und anderen Lösungsmitteln leicht löslicher, Polyamidgruppen enthaltender Substanzen. I. G. FrP 951510 vom 21. 6. 1944; ref. in: Chem. Zbl. (1950 II) 1885.

[11] *Chrzczonowicz, S., Brajter, L.*, und *Nowakowski, A.:* Herstellung eines N-Methylolderivats von Steelon, löslich in Methyl- und Äthylalkohol. Zesz. nauk. Politechn. Łódźkiej (Wiss. H. Polytechn. Łódź) Chemia (Chemie) **9** (1955) S. 63–73.

[12] *Meyer, H. R.:* Über Umsetzungsprodukte von Caprolactam und Polycaprolactam mit Formaldehyd und Phosgen. Kunststoffe-Plastiks, Solothurn **3** (1956) S. 160–163.
Meyer, H. R.: Über Umsetzungsprodukte von Caprolactam und Polycaprolactam mit Formaldehyd und Phosgen. Dissertation ETH Zürich 1956.

[13] Hochelastische lineare Polyamidderivate. Kanegafuchi Boseki K. K., Tokyo. JaP 26010 ('64) vom 21. 8. 1962; ref. in: Chem. Zbl. (1967) 27, 302.

[14] Polyamides. Du Pont, USP 2393972 vom 5. 2. 1946; ref. in: Chem. Zbl. **40** (1946) 3769.

[15] Coatings and shaped articles from synthetic linear polyamides. Du Pont. GBP 576362 vom 1. 4. 1946 ref. in: Chem. Abstr. **42** (1948) 1454.
Derivatives of synthetic linear polyamides. Du Pont. GBP 576363 vom 1. 4. 1946; ref. in: Chem. Abstr. **42** (1948) 2270.
Superpolyamide-formaldehyde-reaction products suitable for threads, sheets, coatings, molded articles, etc. Du Pont. USP 2288279 vom 30. 6. 1938; ref. in: Chem. Abstr. **37** (1943) 202.

[16] Verbesserung der Eigenschaften von Mischsuperpolyamiden. BASF. DBP 855621 vom 17. 2. 1942; ref. in: Chem. Zbl. (1953) 2204.
Verbesserung der Eigenschaften von Polyamid. Bobingen Akt.-Ges. für Textilfaser. DBP 899709 vom 31. 12. 1941; ref. in: Chem. Zbl. (1954) 5866.
Veränderung der Löslichkeit von linearen Polyamiden. Bobingen Akt.-Ges. für Textilfaser. DBP 905786 vom 11. 7. 1942; ref. in: Chem. Zbl. (1954) 9167.
Beständige Lösungen ergebende Zwischenpolyamide. Soc. Rhodiaceta, Paris. SzP 271942 vom 2. 12. 1947; ref. in: Chem. Zbl. (1952) 6142.

[17] Procédé de traitement des polyamides et produits nouveaux en résultant. Société des Usines Chemiques Rhône-Poulenc. FrP 977617 vom 31. 8. 1942; ref. in: Chem. Abstr. **47** (1953) 4131.

[18] Verbesserung von Superpolyamiderzeugnissen. Soc. Rhodiaceta, Paris. DBP 869863 vom 5. 7. 1950; ref. in: Chem. Zbl. (1953) 7419.

[19] Herstellung von biegsamen Polyamiden. Soc. Rhodiaceta, Paris. FrP 951146 vom 17. 10. 1949; ref. in: Chem. Abstr. **45** (1951) 4094.

[20] Herstellung orientierter Fasern, Folien, Bänder, Filme, usw. I.G., FrP 956296 vom 22. 7. 1944; ref. in: Chem. Zbl. (1951 I) 2828.

[21] Granular N-alkoxymethyl polyamides. Du Pont. USP 2430875 vom 18. 11. 1947; ref. in: Chem. Abstr. **42** (1948) 1763.

[22] Herstellung wärmefester linearer N-Alkoxymethylpolyamide. Du Pont. USP 2441057 vom 18. 10. 1944; ref. in: Chem. Zbl. (1949 I) 133.

[23] Treatment of N-alkoxymethyl polyamides. Du Pont. GBP 598568 vom 24. 6. 1947; ref. in: Chem. Abstr. **41** (1947) 7164.

[24] Procédé de fabrication de produits imitant le cuier et produits obtenus. Kuraskihi Rayon Co. Ltd., Japan. FrP 1404781 vom 10. 7. 1964; ref. in: Chem. Abstr. **64** (1966) 16096.

[25] *Minter, I.*, und *Taizs, M.:* Modifizierte Polyamide für Lacke. Rev. Chim., Bucureşti, **9** (1958) S. 443–446.

[26] *Skwarski, T.:* Die Darstellung der N-Methoxymethyl- und N-Methylolderivate des Polyamides und ihr Viskositätsverhalten. Zesz. nauk. Politechn. Łódźkiej (Wiss. H. Polytechn. Łódź) Chemia (Chemie) **15** (1957) S. 29–64.
Rodivilova, L. A., Vlasova, K. N., und *Petrov, G. S.:* Methylolpolyamidharze. Isvestija vyss. ucheb. zav., Iwanowo (Hochschulnachr. Iwanowo). Chimija i chim. Technologija (Chem. u. chem. Technol.) (1958) 4, S. 98–105.
Baeras, G.: Einige Besonderheiten der Modifizierung von Homopolyamiden. Lietuvos TSR Aukstuju Mokyklu Mosklo Darbei, Chem. i chem. Technol. **5** (1964) S. 75–82.
Modified polymers of the nylon type. Du Pont. USP 2412993 vom 24. 12. 1946; ref. in: Chem. Abstr. **41** (1947) 1882.
Polyamide-formaldehyde reactions and products thereof. Du Pont. USP 2430860 vom 18. 11. 1947; ref. in: Chem. Abstr. **42** (1948) 1744.

Granular N-Alkoxymethyl polyamides. Du Pont. USP 2430866 vom 18. 11. 1947; ref. in: Chem. Abstr. **42** (1948) 1763.
N-alkoxymethyl polyamides. Du Pont. USP 2430910 vom 18. 11. 1947; ref. in: Chem. Abstr. **42** (1948) 1745.
N-alkoxymethyl polyamides. Du Pont, USP 2430923 vom 18. 11. 1947; ref. in: Chem. Abstr. **42** (1948) 1745.
N-alkoxymethyl polyamide coatings. Du Pont. USP 2443450 vom 15. 6. 1948; ref. in: Chem. Abstr. **43** (1949) 6466.

[27] Modified polyamides. Du Pont. GBP 596087 vom 29. 12. 1947; ref. in: Chem. Abstr. **42** (1948) 3217.

[28] Herabsetzung der Löslichkeit von Superpolyamiden. Soc. Rhodiaceta, Paris, SzP 270264 vom 21. 7. 1948. ref. in Chem. Zbl. (1951 I) 3272.

[29] N-alkoxymethyl polyamides. Du Pont. USP 2430908 vom 18. 11. 1947; ref. in: Chem. Abstr. **42** (1948) 1744.

[30] Modifizierung der Eigenschaften von Fäden, Borsten, Garn, Film und dergleichen geformten Artikeln, die sich von Nylon ableiten. I. C. I. GBP 582518 vom 15. 5. 1944.

[31] Elastic nylon filaments, films, and the like. I. C. I. GBP 582520 vom 15. 8. 1944; ref. in: Textil-Rdsch., St. Gallen **3** (1948) S. 93 (≙ FrP 940917 ≙ USP 2434247).

[32] Thermosetting polyamides. Du Pont. USP 2451672 vom 19. 10. 1948; ref. in: Chem. Abstr. **43** (1949) 1610.

[33] Insolubilization of N-alkenoxymethylpolyamides. I. C. I. GBP 604902 vom 12. 6. 1948; ref. in: Chem. Abstr. **43** (1949) 1221.

[34] Polyamide-formaldehyde reactions and products thereof. Du Pont. USP 2430907 vom 18. 11. 1947; ref. in: Chem. Abstr. **42** (1948) 1744.

[35] *Wlodarczyk, M.:* Chloroethoxymethylation of polycaproamide. Catalytic effect of acid on chloroethoxymethylation of polycaproamide. Akad. Pol. Sci., Ser. chim. **15**(1967) S. 219—225 und S. 227—232.

[36] Derivatives of linear polyamides. Du Pont. GBP 573482 vom 22. 11. 1945; ref. in: Chem. Abstr. **43** (1949) 7266.

[37] Spôsob prípravy polyamidových, hlavne polykaprolaktamových vláken so zvýšenými bodmi topenia. *V. Hurt* und *M. Benicky*, Svit. ČSP 114620 vom 28. 3. 1963; ref. in: Chem. Abstr. **64** (1966) 8376.

[38] Treatment of nylon cord. Du Pont. BeP 629611 vom 1. 7. 1963; ref. in: Chem. Abstr. **60** (1964) 12168.

[39] Polyamide derivates soluble in dilute aqueous solution. Politechnika Krakowska, PoP 49583 vom 29. 6. 1963; ref. in: Chem. Abstr. **64** (1966) 17799.

[40] Resin-modified polyamide adhesives. Du Pont. USP 2430950 vom 18. 11. 1947; ref. in: Chem. Abstr. **42** (1948) 1761.

[41] Cross-linking compound from a polyamide and poly-(vinylalcohol). Asahi Chemical Industry Co., Ltd., Japan. JaP 10023 ('66) vom 1. 2. 1963; ref. in: Chem. Abstr. **65** (1966) 20311.

[42] Reaction product of N-substituted polyamides with hydroxylated materials. Du Pont. USP 2456271vom 14. 11. 1948; ref. in: Chem. Abstr. **43** (1949) 1610.

[43] *Ravve, A.,* und *Fitko, C. W.:* Graft copolymers of phenolic novolacs on polyamide backbones. J. Polymer Sci. A-1: Polymer Chem. **4** (1966) S. 2533—2541.

[44] Procédé pour provoquer le bouclage spontané ou le rétrécissement de produits textiles en polyamides. *Heberlein* & Co. AG, Schweiz. FrP 1425915 vom 3. 3. 1965; ref. in: Chem. Abstr. **65** (1966) 10726.

[45] Crinkling treatment of polyamide synthetic textile product. Oriental Rayon Co., Japan. JaP. 3745 ('54) vom 25. 6. 1954; ref. in: Chem. Abstr. **49** (1955) 8611.

[46] Procédé pour le traitement, apres filage, de fils ou filaments synthétiques obtenus à partir de polymères linéaires de synthèse. *Bemberg* S. p. A., Italien. FrP 1188791 vom 18. 12. 1957.

[47] *Dobrynina, L. E., Khromova, N. S.,* und *Pavlov, S. A.:* Verringerung der Geschmeidigkeit von porösen Polyamidfolien. I. Veränderung der mechanischen Eigenschaften poröser Polyamidfolien als Ergebnis ihrer Oberflächenmodifizierung mit Formaldehyd. Izv. vysšich uč. Zav., Iwanowo (Hochschulnachr., Iwanowo). Technol. legk. Prom. (Technol. Leicht-Ind.) (1967) 2, S. 26—29.
Behandlung von Superpolyamiden. Kalle & Co. DBP 883643 vom 11. 3. 1951; ref. in: Chem. Zbl. (1954) 664.
Behandlung von Superpolyamiden. Kalle & Co. DBP 896110 vom 14. 6. 1941; ref. in: Chem. Zbl. (1954) 4048.
Behandlung von Superpolyamiden. Kalle & Co. DBP 900872 vom 21. 5. 1942; ref. in: Chem. Zbl. (1955) 1393.
Herabsetzung der Löslichkeit von Gebilden aus Superpolyamiden in organischen Lösungsmitteln und gleichzeitig Erhöhung der Elastizität und gegebenenfalls der Weichheit der Gebilde. Kalle & Co. DBP 907942 vom 15. 1. 1943; ref. in: Chem. Zbl. (1954) 10359.
Behandeln von Superpolyamiden. Kalle & Co. FrP 879697 vom 25. 2. 1942; ref. in: Chem. Zbl. (1944 I) 706.
Behandlung von Superpolyamiden. Kalle & Co. SzP 225788 vom 23. 1. 1942; ref. in: Chem. Zbl. (1944 I) 495.

[48] Polymeric material. Du Pont. USP 2177637 vom 14. 9. 1938; ref. in: Chem. Abstr. **34** (1940) 1104 (≙ DRP 711682 ≙ FrP 860239 ≙ GBP 534698).

[49] Filaments from synthetic linear polyamides. I. C. I. GBP 565066 vom 25. 10. 1944; ref. in: Chem. Abstr. **40** (1946) 4229.

[50] Modification of filaments, etc., derived from synthetic linear polyamides. I. C. I. USP 2425334 vom 7. 1. 1944; ref. in: Chem. Abstr. **42** (1948) 382.

[51] Process for improving the porperties of polyamide fibers. Du Pont. USP 2430953 vom 20. 2. 1945; ref. in: Chem. Abstr. **42** (1948) 3190.

[52] Treatment of synthetic linear polyamides threads. Du Pont. USP 2477156 vom 26. 7. 1949; ref. in: Chem. Abstr. **43** (1949) 9475.

[53] Elastic yarns and fabrics from polyamide. I. C. I. GBP 1094922 vom 27. 11. 1962; ref. in: Chem. Abstr. **68** (1968) 40907.
Process of making nylon fabrics elastic by treatment with formaldehyde. Du Pont. USP 2441085 vom 20. 2. 1945; ref. in: Chem. Abstr. **42** (1948) 6129.

[54] *Ballo, R., Molnar, I., Lakič, M.,* und *Biro, O.:* Einfluß von Formaldehyd auf die Festigkeitseigenschaften von Polyamiden. Acta. chim. Acad. Sci. hung. **39** (1963) S. 253—270.

[55] *Chakimova, A. Ch., Kudrjavcev, G. I., Vasil'eva-Sokolova, E. A.,* und *Gorbačeva, V. G.:* Herstellung von vernetzten Polyamidfäden. Chim. Volokna (Chem. Fasern) (1965) 6, S. 29—32; dt. in: Sowj. Beitr. Faserforsch. Textiltechnik **3** (1966) S. 134—138.

[56] Process of making artifical wool from nylon fibers. Du Pont. USP 2516 562 vom 3. 12. 1946.

[57] Treatment of a heat set, oriented nylon fabric with formaldehyde. Du Pont. USP 2540 726 vom 3. 12. 1946.

[58] Verfahren zur Herstellung von hochschmelzenden Fasern und Fäden aus Polyamiden. Inventa AG für Forschung und Patentverwertung, Luzern. SzP 265167 vom 20. 8. 1949; ref. in: Chem. Abstr. **45** (1951) 3165 (≙ USP 2786732).

[59] *Kowarskaja, B. M., Neiman, M. B., Gurjanova, E. G., Rosanzev, E. G.,* und *Nitsche, O. N.:* Stabilisierung von Paraformaldehyd. Vysokomol. Soed. (Hochmol. Verbind.) **6** (1964) S. 1737—1743.

[60] *Nestruch, E. B.,* und *Judin, A. W.:* Modifizierung von synthetischen Fasern aus Schmelzen von Polymermischungen. II. Vernetzung von Polyamidfasern während ihrer Bildung aus Polyamid/Polyformaldehyd-Mischungen. Izv. vysšich uč. Zav., Iwanowo (Hochschulnachr., Iwanowo) Technol. legk. Prom. (Technol. Leicht-Ind.) (1967) 2, S. 30—36; dt. in: Sowj. Beitr. Faserforsch. u. Textiltechnik **5** (1968) S. 243—247.

[61] *Bruck, S. D.:* Ultraviolet stability of crosslinked polycaprolactam systems. J. Res. nat. Bur. Standards A **66** (1962) S. 489—495.

[62] *Cairns, T. L., Gray, H. W., Schneider, A. K.,* und *Schreiber, R. S.:* The reactions of N-alkoxymethyl polyamides. J. amer. chem. Soc. **71** (1949) S. 655—657.

[63] *Dvořák, J.,* und *Zdražil, J.:* Die Reaktion des N-Alkoxymethylpolycaprolactams mit Thioharnstoff. Coll. czechoslov. chem. Commun. **22** (1957) S. 1167—1172.
Sulfur containing polyamides. Du Pont. USP 2430859 vom 18. 11. 1947; ref. in: Chem. Abstr. **42** (1948) 1745 (≙ GBP 584613).
Chemically crimped nylon fibers. US Dept. of Commerce. BeP 624909 vom 22. 11. 1961; ref. in: Chem. Abstr. **60** (1964) 16050.

[64] *Bruck, S. D.:* Fiber structure-property relationships: A disulfide-crosslinked self-crimping polyamide. J. Res. nat. Bur. Standards A **65** (1961) S. 489—494.

[65] *Bruck, S. D.:* Fiber structure-property relationships. II: Macroscopic deformations of alkyl sulfide crosslinked polycaprolactam fibers. J. Res. nat. Bur. Standards A **66** (1962) S. 77—81.
Crosslinking of nylon fibers. US Dept. of Commerce. USP 3299009 vom 18. 4. 1963; ref. in: Chem. Abstr. **66** (1967) 56514.

[66] *Gherghel, F. E.:* Reaktionen der chemischen Modifizierung von Polycaprolactam. II. N-Cyanäthoxymethylierung der Amidgruppe. Acad. Rep. Populare Romine; Studii Cercetari Chim. **11** (1963) S. 137—148.

[67] *Vlasova, K. N., Akutin, M. S., Dobrochotova, M. L.,* und *Emeljanova, L. N.:* Polyamid-Epoxidharze für Glasfaserbeschichtungen. Plast. Massy, Moskva (Plast. Massen) (1961) 2, S. 17.

[68] Způsob slichtování polyamidovych vláken. *M. Hrozek* und *D. Králove,* Labem, ČSP 91329 vom 10. 12. 1955; ref. in: Chem. Abstr. **55** (1961) 4979.

[69] Dyeing of nylon fibers by treating with nitrogenous condensation products. Courtaulds Ltd., London. USP 2458397 vom 12. 10. 1944.

[70] *Biggs, B. S., Frosch, C. J.,* und *Erickson, R. H.:* Melting points of N-substituted polyamides. Ind. engng. Chem. **38** (1946) S. 1016—1019.
Wittbecker, E. L., Houtz, R. C., und *Watkins, Wm. W.:* Elastic N-substituted polyamides. Ind. engng. Chem. **40** (1948) S. 875—879.

[71] *Hill, R.,* und *Walker, E. E.:* Polymer constitution and polymer properties. J. Polymer Sci. **3** (1948) S. 609 bis 630.

[72] *Smolnikova, L. G.,* und *Konkin, A. A.:* Mechanische Eigenschaften von mit bifunktionellen Verbindungen vernetzten KAPRON-Fäden. Chim. Volokna (Chem. Fasern) (1965) 2, S. 28—30; dt. in: Sowj. Beitr. Faserforsch. Textiltechnik **2** (1965) S. 295—299.

[73] *Perry, E.,* und *Savory, J.:* Modification of nylon 66 with diisocyanates and diacid chlorides. II. Physical properties. J. appl. Polymer Sci. **11** (1967) S. 2485 bis 2497.

[74] *Speranskij, A. A., Pakšver, A. B., Charitonov, V. M., Glazkovskij, Ju. V., Koršak, V. V.,* und *Mozgova, K. K.:* Untersuchung des Thermostabilisierungsprozesses von Polycaproamidseiden. Chim. Volokna (Chem. Fasern) (1967) 1, S. 31—34; dt. in: Sowj. Beitr. Faserforsch. Textiltechnik **4** (1967) S. 288—295.
Speranskij, A. A., Baranova, S. A., Lokšin, B. V., Charitonov, V. M., und *Pakšver, A. B.:* Zur Thermooxydation von üblichem und strukturiertem KAPRON-Faserstoff. Chim. Volokna (Chem. Fasern) (1968) **5**, S. 11 bis 13; dt. in: Sowj. Beitr. Faserforsch. Textiltechnik **6** (1929) 2, S. 66—69.

[75] *Cipriani, C., Papero, P. V.,* und *Moore, M. S.:* Effect on crosslinking on flatspotting of nylon 6 tire yarn. J. appl. Polymer Sci. **10** (1966) S. 601—617.

[76] *Hornuff, G. v.,* und *Jänsch, M.:* Über die Benzoylierung von Polyamidfaserstoffen. Faserforsch. u. Textiltechnik **15** (1964) S. 372—380.
Hornuff, G. v., und *Jänsch, M.:* Modifizierung der Eigenschaften von Polycaprolactamfaserstoffen durch Benzoylierung. Melliand Textilber. **45** (1964) S. 768 bis 775.

Eingegangen am 2. September 1969

Methoden zur quantitativen Bestimmung von Metallen und von Phosphor in Polyäthylenterephtalat

Heinz Zimmermann, Horst Hoyme und Annemarie Tryonadt

Deutsche Akademie der Wissenschaften zu Berlin, Institut für Faserstoff-Forschung in Teltow-Seehof

DK 678.674'524'420:546.18:546.46/.47:546.711:546.73:535.24:543.42.062

Als Beitrag zur umfassenden analytischen Charakterisierung von PÄT werden photometrische Methoden zur Bestimmung der in Form von Salzen oder Oxiden als Umesterungs- und Polykondensationskatalysatoren verwendeten Metalle Antimon, Kobalt, Mangan, Magnesium und Zink sowie von Phosphor in PÄT beschrieben. Die Analysenmethoden gestatten die quantitative Erfassung von etwa 10^{-2} bis 10^{-4}% des jeweiligen Elements.

Методы количественного определения металлов и фосфора в полиэтилентерефталате

С целью исчерпывающей аналитической характеристики ПЭТ описаны фотометрические методы определения металлов Sb, Co, Mn, Mg и Zn, применяемых в виде солей или окисей в качестве катализаторов для процессов переэтерификации и поликонденсации, а также определения фосфора в ПЭТ. При применении этих методов возможно количественное определение перечисленных элементов при содержании 10^{-2} до 10^{-4}%.

Methods of Determination of Metals and Phosphorus in Polyethylene Terephthalate

As a contribution to the comprehensive analytical characterisation of PET photometric methods are described for determining phosphorus as well as antimony, cobalt, manganese, magnesium and zinc applied in the form of salts or oxides as transesterification or polycondensation catalysts to PET. The methods allow to trace 10^{-2} to 10^{-4}% of an element to be determined.

1. *Aufgabenstellung*

Es ist hinreichend bekannt, daß die bei der Herstellung von Polyäthylenterephthalat (PÄT) als Umesterungs- und Polykondensationskatalysatoren verwendeten Metallderivate und die als Stabilisatoren eingesetzten Phosphorverbindungen in Abhängigkeit von Art und Menge in starkem Maße das thermische und thermooxydative Verhalten des Polyesters beeinflussen können. Für vergleichende Untersuchungen oder zur Charakterisierung eines Polyesters, dessen Herstellungsbedingungen unbekannt sind, ist daher nicht nur eine qualitative Kenntnis, sondern auch die Kenntnis des quantitativen Gehaltes an Katalysatoren und Stabilisatoren erforderlich. Das gilt um so mehr, als zumeist Katalysatorkombinationen eingesetzt werden.

Die quantitative Bestimmung der in Frage kommenden Metalle und des Phosphors bedingt Analysenmethoden, die es gestatten, noch etwa 10^{-4}% des jeweiligen Elementes zu erfassen. In der Literatur sind derartige Charakterisierungsmethoden für PÄT bisher nur vereinzelt beschrieben worden. Wir haben aus diesem Grunde geeignet erscheinende Verfahren zur Bestimmung von Mikrogramm-Mengen der interessierenden Elemente in organischen und mineralischen Materialien auf ihre Anwendbarkeit für PÄT überprüft und gegebenenfalls modifiziert. Bei der Auswahl der Methoden und der Ausarbeitung der Arbeitsvorschriften mußte berücksichtigt werden, daß in den meisten Fällen mehrere Elemente nebeneinander bestimmt werden müssen. Die Analysenmethoden müssen daher nicht nur genügend empfindlich, sondern auch in Gegenwart möglicher Begleitelemente spezifisch sein. Die Untersuchungen beschränkten sich zunächst auf die am häufigsten in Form ihrer Salze oder Oxide als Katalysatoren eingesetzten Metalle Antimon, Kobalt, Mangan, Magnesium und Zink sowie auf Phosphor. Es wurden durchweg photometrische Bestimmungsmethoden ausgewählt, die bei ausreichender Sicherheit ein rationelles Arbeiten ohne größeren apparativen Aufwand erlauben und in jedem Betriebslaboratorium angewandt werden können.

2. *Beschreibung der Analysenmethoden*

Als Meßgerät wurde ein Spectrocolorimeter E 1009 der Fa. Metrohm, Herisau/Schweiz verwendet. Für die Erprobung der einzelnen Methoden wurden PÄT-Proben mit bekanntem Gehalt des jeweilig zu bestimmenden Elementes eingesetzt. Anhand von mattierten und unmattierten PÄT-Granulaten mit unterschiedlichen Katalysatorzusammenstellungen bzw. mit Granulatmischungen wurde außerdem die Selektivität überprüft.

Die Reproduzierbarkeit der Bestimmungsmethoden wurde durch die Standardabweichung s, den Variationskoeffizienten V und den Streubereich des Einzelwertes $\Delta x_{95} = t(P, n) \cdot s$ (statistische Sicherheit $P = 95\%$) [1] charakterisiert.

Über Ergebnisse, die bei der Anwendung der Analysenmethoden erhalten wurden, wird in anderem Zusammenhang berichtet werden.

2.1. *Bestimmung von Antimon*

In der Literatur wird eine Reihe spektralphotometrischer Antimonbestimmungen beschrieben, die auf der Farbkomplexbildung von Hexachloroantimonaten mit Triphenylmethan- oder Triphenylaminfarbstoffen beruhen. Als Farbstoffe werden z. B. Brillantgrün [2], Rhodamin B [3, 4] oder Safranin T [5] verwendet. Den Methoden ist gemeinsam, daß das Antimon nach dem Aufschluß der jeweiligen Probesubstanz mit Natriumnitrit oder Cer(IV)sulfat zur 5wertigen Stufe oxydiert werden muß. In verschiedenen Vorschriften wird außerdem gefordert, daß das Antimon unmittelbar vor der Oxydation mit Zinn(II)chlorid oder Natriumsulfit zum 3wertigen Zustand reduziert werden muß, da nur in diesem Fall eine quantitative Oxydation gewährleistet sei [3, 5]. Die Redoxreaktionen und die Notwendigkeit, das überschüssige Reduktions- bzw. Oxydationsmittel zu entfernen, machen diese Bestimmungsmethoden oft störanfällig und beeinträchtigen die Reproduzierbarkeit.

Ausgehend von einem qualitativen Test auf Antimon mit Malachitgrün [6] konnte eine einfache, für PÄT geeignete Methode ausgearbeitet werden, die keine zusätzliche Reduktion erfordert. Die Endbestimmung entspricht im wesentlichen der gleichfalls aus der qualitativen Prüfmethode abgeleiteten Antimonbestimmung mit Brillantgrün [2].

Vorversuche hatten ergeben, daß ein Aufschluß der PÄT-Probe durch Veraschen für die Antimonanalyse ungeeignet ist. Es wurden oft zu niedrige Werte gefunden, die durch Sublimation von Antimonoxiden verursacht werden, zum anderen aber auch eine Folge der Redoxreaktionen sein können, die das Antimon während des Verbrennens der vergleichsweise großen Menge organischer Substanz erleidet. Wir wandten daher einen nassen Aufschluß an, wie er in ähnlicher Weise von *Michajlov* u. Mitarb. [7] für den Polyesteraufschluß zur Phosphorbestimmung vorgeschlagen wird. Bei genügender Vorsicht während des Aufschlusses werden gut reproduzierbare Werte erhalten. Störungen durch die Elemente, deren Bestimmung in der vorliegenden Arbeit beschrieben wird, sowie durch Titan und Germanium treten nicht auf.

Reproduzierbarkeit: $166 \cdot 10^{-4}\%$ Sb $(n = 11)$
$s = 1{,}3 \cdot 10^{-4}$
$V = 0{,}8\%$
$\Delta x_{95} = 2{,}9 \cdot 10^{-4}$

Zum Vergleich der Methoden wurde auch die photometrische Antimonbestimmung mit Methylfluoron [8] geprüft. Dabei wurden die gleichen Ergebnisse erzielt, die Reproduzierbarkeit war nicht besser. Da die Bestimmung mit Methylfluoron zudem durch zahlreiche Fremdionen gestört wird, bietet sie keine Vorteile gegenüber der hier beschriebenen Methode.

2.1.1. *Arbeitsvorschrift*

0,1 g PÄT mit einem Antimongehalt bis etwa $10^{-2}\%$ werden in einem Mikrokjeldahlkolben mit 2 ml konz. Schwefelsäure erhitzt, bis weiße Nebel entstehen. Dann wird tropfenweise konz. Salpetersäure zugegeben, bis die Lösung fast farblos ist. Man läßt abkühlen, gibt 5 bis 10 Tropfen Wasserstoffperoxid zu und erhitzt weiter. Unter Überleiten eines Gasstromes wird der größte Teil der Schwefelsäure abgedampft. Die Probe darf nicht bis zur Trockne eingedampft werden, da sonst Antimonverluste auftreten. Der Rückstand wird mit 2 ml konz. Salzsäure aufgenommen, in einen graduierten 100 ml-Schütteltrichter überführt und je einmal mit 3 ml und mit 2,5 ml Salzsäure nachgewaschen. Anschließend wird der Kjeldahlkolben mit Wasser gespült, bis im Schütteltrichter ein Volumen von 15 ml erreicht ist. Nach Zugabe von 0,5 ml 5%iger Natriumnitrit-Lösung wird kräftig geschüttelt, mit Wasser auf 40 ml verdünnt und mit 5 ml 0,05%iger wäßriger Malachitgrün-Lösung versetzt. Der Farbkomplex wird dann durch kräftiges Schütteln (30 s) mit 10 ml Toluol extrahiert. Die Toluolschicht wird zur Entfernung des anhaftenden Wassers durch ein kleines Wattefilter in eine 1-cm-Küvette gegeben und die Extinktion der Lösung bei 620 nm gegen Toluol gemessen. Der Blindwert wird unter den gleichen Bedingungen bestimmt.

Zur Aufstellung der Eichkurve wird eine Standardlösung hergestellt, die 2 µg Sb^{3+}/ml enthält. Dazu werden 0,0295 g Sb_2O_3 in 135 ml konz. Salzsäure gelöst und mit Wasser auf 250 ml aufgefüllt. 5 ml dieser Lösung werden mit 6 n Salzsäure auf 250 ml verdünnt. 1, 3, 5, 7 und 10 ml der Standardlösung werden in dem 100-ml-Schütteltrichter mit 6 n Salzsäure auf 15 ml aufgefüllt, dann wird Natriumnitrit-Lösung zugegeben und weiterverfahren, wie oben beschrieben.

2.2. *Bestimmung von Kobalt*

Für die Kobaltbestimmung konnte ohne besondere Schwierigkeiten eine von *Ziegler* u. Mitarb. [9] beschriebene Methode angewandt werden. Das Kobalt wird in Tri-n-butyl-ammonium-rhodanokobaltat überführt und mit Amylalkohol extrahiert. Störungen durch andere Schwermetalle können durch Zusatz von Alkalifluorid und Natriumthiosulfat ausgeschlossen werden.

Reproduzierbarkeit: $79{,}8 \cdot 10^{-4}\%$ Co $(n = 14)$
$s = 0{,}94 \cdot 10^{-4}$
$V = 1{,}2\%$
$\Delta x_{95} = 2{,}0 \cdot 10^{-4}$

2.2.1. *Arbeitsvorschrift*

1,5 g PÄT mit einem Kobaltgehalt bis $10^{-2}\%$ werden in einem Quarztiegel verascht. Der Rückstand wird in der Hitze in 5 Tropfen konz. Salzsäure gelöst und mit 15 ml Wasser in einen 100-ml-Schütteltrichter überspült. Die Lösung soll einen pH-Wert von etwa 2 aufweisen. Dann werden 10 ml Pufferlösung mit pH = 3,7 (160 ml Eisessig und 50 g Natriumacetat werden mit Wasser auf 1 l aufgefüllt), 2 ml 3%ige Kaliumfluorid-Lösung, 3 ml 25%ige Kaliumrhodanid-Lösung und 10 ml 20%ige Natriumthiosulfat-Lösung zugegeben. Weiter wird 1 ml einer Tributylammoniumacetat-Lösung zugesetzt, die durch kräftiges Schütteln von Tributylamin mit so viel Eisessig (etwa die zweifache äquivalente Menge) hergestellt wird, daß der pH-Wert der Mischung 3 bis 4 beträgt. Die Reaktionslösung muß nach jeder Zugabe gut geschüttelt werden. Nach 5 min wird mit 5 ml Amylalkohol extrahiert. Die wäßrige Schicht wird in einen zweiten Schütteltrichter überführt und nochmals mit 3 ml Amylalkohol extrahiert. Nach 20 min wird die wäßrige Phase abgetrennt und der Amylalkohol mit dem ersten Extrakt vereinigt. Nach weiteren 10 min wird das restliche Wasser, das sich inzwischen noch abgesetzt hat, entfernt, der Amylalkohol durch ein kleines Wattefilter in einen 10-ml-Maßkolben filtriert und das Wattefilter mit dem zum Auffüllen des Maßkolbens notwendigen Amylalkohol durchgespült. Die Extinktion der Lösung wird in einer 1-cm-Küvette bei 620 nm gegen Amylalkohol gemessen. In gleicher Weise wird der Blindwert bestimmt.

Die Eichkurve wird unter Verwendung einer Kobaltsalz-Lösung aufgestellt, die 50 µg Co^{2+}/ml enthält.

2.3. *Bestimmung von Mangan*

Praeger beschrieb die Anwendung einer arsenometrischen Methode zur Bestimmung von Mangan in lichtstabilisierten Polyamidfaserstoffen [10]. Wir zogen es jedoch vor, auch für die Manganbestimmung ein kolorimetrisches Verfahren heranzuziehen, um die erforderliche Probemenge auf etwa 1 g PÄT beschränken zu können. Ohne Veränderungen in der Endbestimmung konnte eine Modifikation der Formaldoxim-Methode [11, 12] übernommen werden, die von *Goto* u. Mitarb. [13] zur Bestimmung von Mangan in eisenhaltigen Wässern ausgearbeitet worden war. Eventuelle Störungen der Mangananalyse durch Eisenspuren im PÄT waren damit von vornherein auszuschließen. Störungen durch Kobalt, das ebenfalls mit Formaldoxim reagiert [14], traten bei der angegebenen Arbeitsweise nicht auf.

Reproduzierbarkeit: $71 \cdot 10^{-4}\%$ Mn $(n = 10)$
$s = 1{,}6 \cdot 10^{-4}$
$V = 2{,}3\%$
$\Delta x_{95} = 3{,}6 \cdot 10^{-4}$

Vergleichsanalysen nach *Praeger* ergaben Werte zwischen $68 \cdot 10^{-4}$ und $72 \cdot 10^{-4}\%$.

2.3.1. Arbeitsvorschrift

1 g PÄT mit einem Mangangehalt bis $1{,}5 \cdot 10^{-2}\%$ werden in einem Quarztiegel verascht. Nach dem Abkühlen wird der Rückstand durch Erwärmen mit 1 ml konz. Salzsäure in dem mit einem Deckel versehenen Tiegel gelöst. Anschließend wird mit 5 ml Wasser verdünnt und der Tiegelinhalt in einen 50-ml-Maßkolben überspült. Der Tiegel wird zweimal mit je 10 ml Wasser nachgespült und die Probelösung mit 1,5 ml Ammoniak 1:1 neutralisiert. Danach werden 1 ml Formaldoxim-Lösung (8 g Hydroxylaminhydrochlorid in 100 ml Wasser und 4 ml 37%iger Formaldehyd-Lösung, aufgefüllt auf 200 ml) sowie 1 ml Ammoniak 1:1 zugegeben und gut durchgeschüttelt. Nach 2 min werden 1 ml 0,1 molare ÄDTA-Lösung und 2 ml 10%ige Hydroxylaminhydrochlorid-Lösung zugesetzt. Die Reaktionslösung wird in dem Maßkolben nochmals gut durchmischt und mit Wasser aufgefüllt. Nach weiteren 10 min wird die Extinktion der Lösung bei 450 nm in 1-cm-Küvetten gegen Wasser gemessen. Unter den gleichen Bedingungen wird der Blindwert bestimmt.

Zur Aufstellung der Eichkurve wird eine Standardlösung hergestellt. 0,1438 g $KMnO_4$ werden in 50 ml Wasser gelöst und mit 2 ml konz. Schwefelsäure versetzt. Dazu wird 10%ige Natriumsulfit-Lösung getropft, bis die Farbe des Permanganats verschwindet. Nachdem das überschüssige Schwefeldioxid durch Kochen ausgetrieben ist, wird die Lösung auf 1 l aufgefüllt. Sie enthält dann 50 µg Mn^{2+}/ml.

2.4. Bestimmung von Magnesium

Die rasche Bestimmung geringer Magnesiummengen neben anderen Elementen ist etwas problematischer als die der Schwermetalle. Mit gutem Erfolg konnte jedoch eine erst 1969 von japanischen Autoren [15] publizierte Analysenmethode angewandt werden, die auf der Farbreaktion mit Chromotrop 2R basiert.

Die Methode ist einfach, sie erfordert keine Abtrennung anderer Elemente und liefert zuverlässige Werte. Gestört wird die Bestimmung praktisch nur durch Beryllium, aber selbst dieses könnte noch in äquivalenter Menge wie Magnesium anwesend sein. Kobalt, Mangan oder Calcium können in vierfacher bzw. achtfacher Menge vorliegen, ohne die Magnesiumbestimmung zu beeinflussen. Durch Zusatz von Triäthanolamin und KCN können die Toleranzgrenzen für Mangan, Eisen u. a. noch weiter heraufgesetzt werden.

Reproduzierbarkeit: $59 \cdot 10^{-4}\%$ Mg $(n = 12)$
$s = 0{,}9 \cdot 10^{-4}$
$V = 1{,}4\%$
$\Delta x_{95} = 2 \cdot 10^{-4}$

2.4.1. Arbeitsvorschrift

0,2 bis 0,3 g PÄT mit einem Magnesiumgehalt bis $10^{-2}\%$ werden in einem Platintiegel verascht. Der Rückstand wird mit 1 ml 2 n Salzsäure behandelt und vorsichtig zur Trockne eingedampft. Anschließend wird mit Wasser aufgenommen und in einen 50-ml-Maßkolben überführt. Dazu werden 4 ml einer 0,1%igen wäßrigen Lösung von Chromotrop 2R, 4 ml Pufferlösung mit pH = 10,8 (10,6 g Ammoniumchlorid in Wasser gelöst, mit Wasser und Ammoniak bis zu dem angegebenen pH-Wert auf 1 l aufgefüllt) und 20 ml Aceton gegeben. Der Maßkolben wird mit Wasser aufgefüllt und die Extinktion dieser Lösung in 1-cm-Küvetten bei 570 nm gegen Wasser gemessen. Der Blindwert wird in gleicher Weise bestimmt und in Abzug gebracht. Alle Lösungen sind mit bidestilliertem bzw. entionisiertem Wasser anzusetzen.

Zur Aufstellung der Eichkurve wird eine Lösung verwendet, die 20 µg Mg^{2+}/ml enthält. Dazu werden 0,1171 g Magnesiumacetat in 1 l Wasser gelöst.

2.5. Bestimmung von Zink

Die Zinkbestimmung wurde mit Zincon durchgeführt, einem Reagens, das als Basis für zahlreiche Analysenmethoden für dieses Element dient. Da bei einer analytischen Untersuchung von PÄT immer mit dem Vorliegen anderer Schwermetalle gerechnet werden muß, wurde eine Variante dieser Zinkbestimmungen ausgewählt, deren Prinzip darin besteht, mit KCN zunächst alle Schwermetalle komplex zu binden und danach durch Chloralhydrat nur Zink für die Reaktion mit Zincon wieder freizusetzen [16]. Wenn sicher ist, daß keine anderen Schwermetalle vorhanden sind, kann natürlich eine einfachere Methode [17] angewandt werden.

Reproduzierbarkeit: $140 \cdot 10^{-4}\%$ Zn $(n = 10)$
$s = 1{,}6 \cdot 10^{-4}$
$V = 1{,}2\%$
$\Delta x_{95} = 3{,}6 \cdot 10^{-4}$

2.5.1. Arbeitsvorschrift

0,4 g PÄT mit einem Zinkgehalt von etwa $10^{-2}\%$ werden in einem Platintiegel verascht. Die Asche wird in 2 ml 2 n Salzsäure gelöst und mit 5 ml Wasser in einen 25-ml-Maßkolben überspült. Zur Neutralisation werden 4 ml 1 n Natronlauge zugegeben. Anschließend werden in der angegebenen Reihenfolge 1 ml 1%ige Kaliumcyanid-Lösung, 5 ml Pufferlösung mit pH = 9 (213 ml 1 n Natronlauge auf etwa 600 ml verdünnen, darin 37,3 g Kaliumchlorid und 31,0 g Borsäure auflösen und mit Wasser auf 1 l auffüllen), 3 ml Zincon-Lösung (0,130 g Zincon in 2 ml 1 n Natronlauge auflösen, mit Wasser auf 100 ml verdünnen) und 3 ml 10%ige Chloralhydrat-Lösung zupipettiert. Der Maßkolben wird mit Pufferlösung aufgefüllt. Nach jeder Reagenzzugabe wird gut durchmischt. 2 bis 5 min nach der letzten Reagenszugabe wird die Extinktion in 1-cm-Küvetten bei 620 nm gegen Wasser gemessen. Der Blindwert wird unter den gleichen Bedingungen bestimmt. Zur Aufstellung der Eichkurve wird eine Lösung von Zinksulfat oder Zinkacetat verwendet, die 10 µg Zn^{2-}/ml enthält.

Enthält die PÄT-Probe neben Zink noch Mangan, muß die Methode etwas abgeändert werden [16], da Mangan vom Kaliumcyanid nicht vollständig maskiert wird. In diesem Fall wird eine Probelösung in der angegebenen Weise hergestellt und eine Differenzmessung gegen eine zweite Probelösung vorgenommen, bei deren Herstellung nach dem Überspülen der Aufschlußmischung in den Maßkolben 0,5 g Natriumascorbat, danach die übrigen Reagentien, jedoch anstelle von 3 ml Chloralhydrat-Lösung 3 ml Wasser zugegeben werden. Durch das Natriumascorbat wird der Einfluß des Mangans bereits weitgehend vermindert; durch die Differenzmessung gegen eine Lösung, in der das Zink maskiert bleibt, wird zusätzlich versucht, die Summe aller störenden Effekte zu kompensieren. Dieses Verfahren kann auch mit Erfolg bei farbigen oder trüben Lösungen angewandt werden.

2.6. Bestimmung von Phosphor

Über die kolorimetrische Phosphoranalyse in dem hier interessierenden Konzentrationsbereich sind zahlreiche Arbeiten erschienen. Es sind zumeist Bestimmungen durch Reduktion von Phosphormolybdat [18]. Die quantitative Bestimmung von Phosphor speziell in PÄT wird von *Michajlov* u. Mitarb. [7] sowie von *Telep* und *Ehrlich* [19] beschrieben. Die Methode von *Michajlov* genügte der vorgegebenen Zielstellung nicht, da sie um eine Zehnerpotenz zu wenig empfindlich ist. Diese Einschränkung gilt nicht für das Verfahren von *Telep*, nach dem bis 0,1 µg Phosphor/50 ml bestimmt werden können. Es stören dabei Silicium, Arsen und Germanium, die vorher entfernt werden müssen.

Als noch geeigneter erschien uns eine Bestimmungsmethode von *Umland* und *Wünsch* [20], nach der Silizium und Germanium in hundertfachem Überschuß vorhanden sein können, ohne Störungen zu verursachen. Das ist von Vorteil, denn mit dem Vorliegen von Germanium als Polykondensationskatalysator muß bei PÄT-Analysen gerechnet werden. Vergleichsanalysen mit germaniumhaltigen PÄT-Proben bestätigen dann auch, daß keine Beeinflussung der Phosphorbestimmung erfolgt.

Nach dieser Methode wird die Dodekamolybdatophosphorsäure durch Extraktion vom überschüssigen Molybdat abgetrennt und der Phosphor indirekt über eine Bestimmung des Molybdäns als Rhodanid erfaßt. Da für 1 Atom Phosphor 12 Atome Molybdän bestimmt werden, ist die Methode sehr empfindlich.

Die Phosphorbestimmungen nach *Michajlov* und nach *Telep* schließen beide einen zeitaufwendigen nassen Aufschluß des PÄT ein, der sehr sorgfältig durchgeführt werden muß, da sonst nach Angaben von *Telep* mit dem Verdampfen von Phosphorsäure gerechnet werden muß. Ein Veraschen der Probe ist andererseits nicht ohne weiteres möglich, es treten Verluste durch Sublimation von Phosphoroxiden auf. Wir fanden jedoch, daß das durch Vermischen der PÄT-Probe mit einer kleinen Menge Calciumoxid vor dem Veraschen verhindert werden kann. Damit ist dieser einfachere Probenaufschluß auch für die Phosphorbestimmung anwendbar. Ohne Zusatz von Calciumoxid lagen die Werte etwa 20% zu tief.

Reproduzierbarkeit: $37 \cdot 10^{-4}\%$ P $(n = 10)$
$s = 1{,}1 \cdot 10^{-4}$
$V = 2{,}9\%$
$\Delta x_{95} = 2{,}5 \cdot 10^{-4}$

Vergleichsanalysen nach der Methode von *Telep* ergaben als Mittelwert $35 \cdot 10^{-4}\%$.

2.6.1. *Arbeitsvorschrift*

0,1 g PÄT mit einem Phosphorgehalt von 10^{-3} bis $10^{-2}\%$ werden in einem Platintiegel aufgeschmolzen, mit 0,03 bis 0,04 g Calciumoxid überschichtet und anschließend vorsichtig verascht. Der Rückstand wird in 5 ml 2 n Salzsäure gelöst und mit 10 ml Wasser in einen graduierten 100-ml-Schütteltrichter überspült. Dazu werden 5 ml Molybdatreagens (1,51 g $Na_2MoO_4 \cdot 2\,H_2O$, gelöst in 250 ml bidest. Wasser) und Wasser bis zu einem Volumen von 25 ml gegeben. Nach 5 bis 10 min wird mit 25 ml Äther/Isobutanol 5:1 1 min geschüttelt und die wäßrige Phase abgetrennt. Die sich danach noch sammelnden Reste der wäßrigen Schicht müssen ebenfalls sorgfältig entfernt werden. Von dieser Nachtrennung wird die Zuverlässigkeit der Methode in starkem Maße bestimmt. Die organische Lösung wird zur vollständigen Entfernung von überschüssigem Molybdatreagens noch zweimal 1 min mit je 20 ml 0,4 n Salzsäure geschüttelt, wobei die wäßrige Schicht wiederum sorgfältig abzutrennen ist. Anschließend wird die organische Lösung mit 10 ml und ein weiteres Mal mit 5 ml 0,1 n Natronlauge 1 min extrahiert. Die alkalischen Extrakte werden in einen 50-ml-Maßkolben überführt, mit 1 ml 0,04%iger Kupfersulfat-Lösung, 8,5 ml konz. Salzsäure, 7 ml Methanol und 10 ml 50%iger Ammoniumrhodanid-Lösung versetzt und mit 3 n Salzsäure aufgefüllt. Nach 40 bis 50 min wird die Extinktion der Lösung in 1-cm-Küvetten bei 470 nm gegen Wasser gemessen.

Der Blindwert wird in der gleichen Weise bestimmt. Zur Aufstellung der Eichkurve wird eine gravimetrisch eingestellte Lösung von $(NH_4)_2HPO_4 \cdot 2\,H_2O$ in bidest. Wasser verwendet, die auf einen Phosphorgehalt von 2 µg/ml verdünnt wird.

Für gewissenhafte Mitarbeit danken wir Frau *H. Weigel.*

Literatur

[1] *Doerffel, K.:* Beurteilung von Analysenverfahren und -ergebnissen. Berlin: Springer 1965, S. 30—33.
[2] *Stanton, R. E.,* und *McDonald, A. J.:* The spectrophotometric determination of antimony with brilliant green. Analyst **87** (1962) S. 299—301.
[3] *Luke, C. L.:* Photometric determination of antimony in lead using the rhodamine B method. Analytic. Chem. **25** (1953) S. 674.
[4] *Greenhalgh, R.,* und *Riley, J. P.:* Nitrite as an oxidant for antimony in its spectrophotometric determination with rhodamine B. Anal. chim. Acta **27** (1962) S. 305—306.
[5] *Pilipenko, A. T.,* und *Nguyen Mong Shinh:* Extraction photometric determination of antimony in ferrous metals with safranine T (C. I. Basic Red 2). Zav. Lab. **33** (1967) S. 1074—1075.
[6] *Lapin, L. N.,* und *Gein, V. O.:* The use of basic diaminotriphenylmethane dyes for the detection of minimal quantities of antimony, gold and thallium. Trudy Kommiss. Anal. Khim. Akad. Nauk SSSR 1956, **7**, S. 217—222. Analytic. Abstr. **4** (1957) 3630.
[7] *Michajlov, N. V., Strašnova, T. T.,* und *Terechova, G. M.:* Bestimmungsmethode von Phosphor in Polymeren und in Fasern auf der Basis dieser Polymeren. Chim. Volokna (Chem. Fasern) **5** (1963) S. 66—67.
[8] *Meyer, S.,* und *Koch, O. G.:* Photometrische Bestimmung von Antimon mit Methylfluoron. Z. analyt. Chemie **179** (1961) S. 175—186.
[9] *Ziegler, M., Glemser, O.,* und *Preisler, E.:* Photometrische Bestimmung des Kobalts mit Alkalirhodanid und Tri-n-butyl-ammonium-Salz. Angew. Chemie **68** (1956) 13, S. 436—437.
[10] *Praeger, K.:* Ein Beitrag zur Bestimmung von Mangan in lichtstabilisierten Polyamidfaserstoffen und -textilien. Faserforsch. und Textiltechnik **18** (1967) 6, S. 295—297.
[11] *Hofman, K. A.,* und *Ehrhardt, U.:* Innerkomplexe Metallsalze der Oxalsäurederivate und des Triform-oxims. Chem. Ber. **46** (1913) S. 1457—1466.
[12] *Sideris, C. P.:* Colorimetric microdetermination of manganese. Ind. engng. Chem., analyt. Ed., **9** (1937) S. 445—446.
[13] *Goto, K., Komatsu, T.,* und *Furukawa, T.:* Rapid colorimetric determination of manganese in waters containing iron. A modification of the formaldoxime method. Anal. chim. Acta **27** (1962) S. 331—334.
[14] *Schouwenburg, J. Ch. van:* Routinebestimmung von Mangan mit Formaldoxim. Netherl. J. agric. Sci. **14** (1966) S. 127—130.
[15] *Shibata, S., Uchumi, A., Sasaki, S.,* and *Goto, K.:* Spectrophotometric determination of magnesium with chromotrope 2R. Anal. chim. Acta **44** (1969) S. 345—352.
[16] *Platte, J. A.,* und *Marcy, V. M.:* Photometric determination of zinc with zincon. Application to water containing heavy metals. Analytic. Chem. **31** (1959) 7, S. 1226—1228.
[17] *Rush, R. M.,* and *Yoe, J. H.:* Colorimetric determination of zinc and copper with 2-carboxy-2′-hydroxy-5′-sulfoformazylbenzene. Analytic. Chem. **26** (1954) 8, S. 1345—1347.
[18] *Lange, B.:* Kolorimetrische Analyse. Weinheim/Bergstr.: Verlag Chemie 1956, S. 308—316, und dort zitierte Literatur.
[19] *Telep, G.,* und *Ehrlich, R.:* Spectrophotometric determination of phosphorus in polyethylene terephthalate. Analytic. Chem. **30** (1958) 6, S. 1146—1148.
[20] *Umland, F.,* und *Wünsch, G.:* Über eine indirekte photometrische Bestimmung kleiner Mengen Phosphor. Z. analyt. Chemie **213** (1965) S. 186—194.

Eingegangen am 7. Juli 1969.

Kurze Mitteilungen[1]

Erfahrungen bei der Bestimmung kleiner Wassergehalte in Polyäthylenterephthalat und Polycaproamid

DK 678.675'126:678.674'524'420:543.257:546.212

1. *Einleitung*

Die Trocknung von granulierten Hochpolymeren vor Aufschmelzprozessen in Schmelzspinnaggregaten oder sonstigen Verformungsvorgängen ist für die Produktionssicherheit und die Qualität des Endproduktes von großer Bedeutung. Deshalb fehlt es nicht an Bemühungen, den Wassergehalt des getrockneten Granulates rasch, sicher und möglichst einfach zu bestimmen. Einen Beitrag dazu stellte die Austreibmethode nach *Dinse* und *Praeger* [1] dar. Die Feuchtigkeit der Probe wird im Stickstoffstrom bei 170 °C ausgetrieben, in einer Titrierzelle in Methanol aufgefangen und mit *Karl-Fischer*-Lösung nach der Dead-stop-Methode titriert. Nachfolgend sollen die Erfahrungen mit dieser neuen Methode bei der Serienanalyse von getrocknetem Polyäthylenterephthalat und bei der Übertragung des Verfahrens auf Polycaproamid berichtet werden.

2. *Wasserbestimmung in PÄT*

2.1. *Reproduzierbarkeit bei der Betriebskontrolle*

Um einen größeren Analysendurchsatz zu ermöglichen, haben wir an die Stickstofftrocknungsapparatur der Austreibmethode [1] eine zweite Titrierzelle über ein *T*-Stück angeschlossen und für beide Meßapparaturen gleiche Gasströmungsgeschwindigkeiten eingeregelt. Es können auf diese Weise auch noch weitere Meßzellen mit getrocknetem Stickstoff versorgt werden.

Eine Reihe von Parallelbestimmungen, die mit obiger Doppelapparatur gewonnen wurden, benutzten wir zur Auswertung der Reproduzierbarkeit der Methode im Routinebetrieb.

Aus 38 Proben, die in Zweifachbestimmung analysiert wurden, ergab sich nach *Doerffel* [2]

$$s = \sqrt{\frac{1}{2m} \cdot R^2}\,;$$

m = Zahl der Proben; $R = x_2 - x_1$;
$s = \pm 0{,}0012\%\ H_2O$; $v = 32{,}8\%$; $\bar{x} = 0{,}0038\%\ H_2O$

und der Vertrauensbereich des Mittelwertes bei 95% statistischer Sicherheit

$$\Delta\bar{x} = \pm 0{,}0018\%\ H_2O.$$

Der hohe Variationskoeffizient ergibt sich zwangsweise aus den sehr niedrigen Wassergehalten der analysierten Proben in Übereinstimmung mit den Angaben in der vorhergehenden Veröffentlichung [1].

2.2. *Vergleich mit anderen Wasserbestimmungsmethoden*

Trocknung im Vakuumtrockenschrank. Die Vergleichsversuche zwischen der Austreibmethode und der Trockenschrankmethode ergaben für die letztere niedrigere Wasserwerte. Anschließende Untersuchungen des Restwassergehaltes zeigten, daß die angesetzte Trockenzeit von 3 h bei 150 °C nicht ausreicht, um das Wasser restlos aus dem Granulat zu entfernen, wie folgendes Beispiel zeigt:

Austreibmethode:	0,057% H_2O,
Vakuumtrockenschrank:	0,040% H_2O,
Restfeuchte n. d. Austreibm.:	0,015% H_2O,
Summe V. T.-Schrank + Restf.:	0,055% H_2O.

Hier erweist sich der erhebliche zeitliche Vorteil der Austreibmethode, der im engen Zusammenhang mit der laufenden Störung des Wasserdampfgleichgewichtes durch den strömenden Stickstoff steht.

Manometrische Methode. Zur Wasserbestimmung in Hochpolymeren wurden von *Illing* und *v. Hobe* [3], *Reinisch* und *Dietrich* [4] sowie *Schmalz* [5] die manometrische Methode beschrieben und empfohlen. Der Vergleich zur Austreibmethode [1] ergab in einer Versuchsreihe am gleichen Polyestergranulat manometrisch 0,012% H_2O und nach der Austreibmethode 0,003% H_2O. Diese Differenz von ca. 0,1% H_2O trat auch schon in vorhergehenden Versuchsreihen auf und wird von uns im Zusammenhang mit der höheren Temperatur und längerer Versuchsdauer bei der manometrischen Methode gesehen.

3. *Wasserbestimmung in Polycaproamid (PAL) nach der Austreibmethode*

3.1. *Prinzip*

Für die Wasserbestimmung in PCA wurden etliche Verfahren ausgearbeitet und angewendet. In letzter Zeit fanden vor allem die manometrische Methode und Varianten der *Karl-Fischer*-Titration Interesse und Anwendung [3 bis 7].

Trotz allem blieben noch Wünsche hinsichtlich der Schnelligkeit der Analyse, der Reproduzierbarkeit der Werte und der möglichst quantitativen Erfassung des gesamten Wassergehaltes der Probe offen. Wir wendeten die bei PÄT bewährte „Austreibmethode" [1] auf die Wasserbestimmung in PCA-Granulat an. Zur Erreichung kurzer Analysenzeiten wurde die Austreibtemperatur von 170 °C beibehalten. Um Verfälschungen durch bei der Nachkondensation entstehendes Wasser so gering wie möglich zu halten, bewährte sich die kurze Austreibzeit von 30 min. Gegenüber der Extraktionsmethode mit anschließender *Karl-Fischer*-Titration [7] findet man bei Wassergehalten von 0,01 bis 0,1% einen um 0,02% höheren Analysenwert, der etwa dem Gesamtwassergehalt der Probe entspricht.

Diese Differenz ist von der Schnitzelgröße abhängig. Es wurden Drahtschnitzel der Größe 1,5 mm × 1,5 mm untersucht. Bei der Methanolextraktion entstehen diffusionsbedingt niedrigere Wasserwerte, wie schon *Reinisch* und *Dietrich* [6] nachwiesen.

3.2. *Fehlerquellen*

Neben der Abstellung apparativ bedingter Fehler, wie nicht genügend trockene Apparaturen oder Absorptionsröhrchen und undichte Schliffstopfen an den Stellen, wo sie mit *Karl-Fischer*-Lösung in Berührung kommen, interessierte uns vor allem der Einfluß der Nachkondensation in Abhängigkeit von der Reaktionstemperatur und -zeit (s. Tabellen 1 und 2).

Der Fehler, der durch die Nachkondensation entsteht, liegt bei 30 min Erhitzung bei 170 °C innerhalb der Fehlergrenze der Methode.

[1] Die Veröffentlichung der „Kurzen Mitteilungen" erfolgt unter alleiniger Verantwortung der Verfasser.

Tabelle 1. H_2O-Gehalte bei verschiedenen Austreibzeiten in %

Probe	30 min	45 min	60 min
1	0,027	0,030	0,039
2	0,027	0,030	0,031
3	0,037	0,041	0,048
4	0,037	0,041	0,044

3.3. *Arbeitsvorschrift*

Apparatur und Arbeitsvorschrift gleichen praktisch den in [1] angegebenen Bedingungen, so daß sie hier nur in verkürzter Form wiedergegeben werden.

4 bis 6 g Polyamidgranulat mit einem Wassergehalt von 0,01 bis 0,1% H_2O werden in ein trockenes Absorptionsrohr von 8 bis 10 cm Höhe eingewogen und im Stickstoffstrom 30 min auf 170 °C erhitzt. Das entweichende Wasser wird in einer Titrierzelle, die etwa 50 ml wasserfreies Methanol enthält, aufgefangen und anschließend mit *Karl-Fischer*-Reagenz bis zum Dead-stop-Endpunkt titriert. Ein Blindversuch ist mit einem Absorptionsrohr gleicher Größe durchzuführen.

Berechnung:

$$H_2O\text{-Gehalt } (\%) = \frac{(\text{Verbrauch} - \text{Blindwert}) \cdot F_N}{\text{g Einwaage} \cdot 10}$$

F_N = Titer der K.-F.-Lag. in mg H_2O pro ml Lsg.

Für Serienanalysen ist die Benutzung der unter 2.1 beschriebenen Doppelapparatur zu empfehlen. Im Schichtbetrieb hat es sich bewährt, den Stickstoff immer strömen zu lassen, da man auf diese Weise die Bestimmungsapparatur dauernd analysenbereit hält.

3.4. *Reproduzierbarkeit*

Nach der in 2.1 dargelegten statistischen Auswertung wurden aus 24 Doppelbestimmungen folgende Werte erhalten:

$s = \pm 0{,}005\%$ H_2O; $v = 12{,}8\%$; $\bar{x} = 0{,}039\%$ H_2O

und der Vertrauensbereich des Mittelwertes bei 95% statist. Sicherheit

$$\Delta\bar{x} = \pm 0{,}007\% \; H_2O.$$

Tabelle 2. LV- und Endgruppenveränderungen bei 30 min Austreibzeit bei 170°C

Probe	(a vor, b nach der Analyse) rel. LV		μ COOH Äqu.		μ Äqu. NH_2	
	a	b	a	b	a	b
1	2,34	2,34	58,4	61,7	47,4	44,0
2	2,37	2,39	66,2	66,2	44,9	43,5
3	2,35	2,37	60,5	58,9	46,0	43,8
4	2,37	2,39	59,4	59,4	46,4	44,6
5	2,36	2,39	66,5	66,7	45,1	44,1
⌀	+ 0,02		+ 0,45		– 2,0	

2,0 μ Äquivalente H_2O entsprechen etwa 0,004% H_2O.

Literatur

[1] *Dinse, H.-D.*, und *Praeger, K.*: Eine neue Betriebskontrollmethode zur Wasserbestimmung in Polyäthylenterephthalat. Faserforsch. u. Textiltechnik **20** (1969) 9, S. 449–450.

[2] *Doerffel, K.*: Statistik in der analytischen Chemie. Leipzig: Dt. Verlag für Grundstoffindustrie 1966.

[3] *Illing, G.*, und *v. Hobe, D.*: Manometrische Bestimmung sehr kleiner Wassergehalte in hochpolymeren Stoffen. Z. anal. Chemie **230** (1967) S. 418–421.

[4] *Dietrich, K.*: Zur manometrischen Wasserbestimmung in Polyamidschnitzeln. Faserforsch. u. Textiltechnik **20** (1969) 4, S. 198–199.

[5] *Schmalz, E.-O.*: Manometrische Wasserbestimmung in Hochpolymeren, Faserforsch. u. Textiltechnik im Druck.

[6] *Reinisch, G.*, und *Dietrich, K.*: Zur Bestimmung des Wassergehaltes in Polycaprolactam. Faserforsch. u. Textiltechnik **18** (1967) 11, S. 535–536.

[7] *Glöckner, G.*, und *Meyer, W.*: Die Wasserbestimmung in Polyamidschnitzeln mit Karl-Fischer-Reagens. Faserforsch. u. Textiltechnik **10** (1959) S. 83–84.

Konrad Praeger und *Hans-Dieter Dinse*

Mitteilung aus der Abt. Betriebskontrolle Feinseide und der Abt. Forschungslabor des VEB Chemiefaserkombinat Wilhelm-Pieck-Stadt Guben

Eingegangen am 16. September 1969

8. Internationale Chemiefasertagung Dornbirn 1969

DK 061.3.055.1(43b),,1969":677.4.02:677.8

Vom 17. bis 19. Juni 1969 fand in Dornbirn die 8. Internationale Chemiefasertagung mit dem Rahmenthema:

„Chemiefasern und ihre Verarbeitung"

statt.

Als Veranstalter zeichnete, wie in den vorangegangenen Jahren, das Österreichische Chemiefaserinstitut. Die Teilnehmerliste umfaßte 575 Namen von Fachleuten und Wissenschaftlern aus 18 Ländern (Belgien, Bundesrepublik Deutschland, Chile, ČSSR, Dänemark, Deutsche Demokratische Republik, Frankreich, Griechenland, Großbritannien, Holland, Italien, SFR Jugoslawien, Republik Österreich, VR Polen, SR Rumänien, Schweden, Schweiz, Ungarische Volksrepublik) und aus Westberlin.

Die Eröffnungsansprache hielt der Präsident des Österreichischen Chemiefaserinstituts, Generaldirektor Kommerzienrat *R. H. Seidl.* Danach trug der Generalsekretär des CIRFS, Dr. *H. L. Landsman*, eine Grußbotschaft der Internationalen Chemiefaservereinigung vor. Ihm folgte eine Information des Leiters des Organisationskomitees des 3. Weltchemiefaserstoffkongresses, Dr. *Reimann.* Es wurde mitgeteilt, daß dieser Kongreß vom 2. bis 4. Juni 1971 unter dem Generalthema „Chemiefasern — Symbol des Fortschritts" in München stattfinden wird. Die Eröffnungssitzung wird sich mit dem Thema „Ernährung und Bekleidung der Menschheit" beschäftigen. Danach sollen in Sektionstagungen technische, wirtschaftliche, prüftechnische und verarbeitungstechnologische Probleme sowie Fragen der Werbung und der Marktforschung behandelt werden. In einer Schlußsitzung ist die Erörterung des Themas „Die Zukunft der Chemiefaserstoffe" vorgesehen.

Der erstmals gewählte größere Rahmen für diese Tagung — eine der Messehallen des Dornbirner Messegeländes — hat zweifellos auch unter Beachtung der hochsommerlichen Temperaturen zu einer Auflockerung geführt. Die von vielen Fachleuten erwartete Herabsetzung der Diskussionsfreudigkeit ist dabei erfreulicherweise nicht eingetreten. Die Rezensenten möchten jedoch bemerken, daß die Möglichkeiten zum Austausch zwischen den Fachleuten auf dem Empfangsabend diesmal leider eingeschränkt waren, und es ist zu hoffen, daß es dem Veranstalter bei den kommenden Tagungen gelingen möge, durch eine geeignete Anordnung die früher übliche aufgeschlossene Atmosphäre wieder zu schaffen.

Auf der Tagung wurden folgende *Vorträge* gehalten:

Eröffnungsvortrag des Präsidenten des Österreichischen Chemiefaserinstitutes, Generaldirektor KR. *R. H. Seidl.* Der Vortragende setzte sich mit der Entwicklung der Chemiefaserstoffe am Ergebnis des Jahres 1968 auseinander. Insgesamt wurden 1968 20,2 Mio t textile Rohstoffe produziert, gegenüber 18 Mio t im vorausgegangenen Jahr. Von der Produktion des Jahres 1968 entfallen bereits 36% oder 7,3 Mio t auf Chemiefaserstoffe, während der Anteil der Baumwolle auf 57% und jener der Wolle auf 7% zurückging. Die größten Wachstumsraten wurden wie in den vorangegangenen Jahren mit durchschnittlich 19% durch die Synthesefaserstoffe gebracht. Innerhalb dieser Gruppe nehmen die Polyamide einen Anteil von 43%, die Polyester von 29% und die Polyacrylnitrile 19% ein. Die Ursachen für diese außerordentlich positive Entwicklung werden in der Erschließung neuer Einsatzgebiete durch die Chemiefaserstoffe, insbesondere im Heimtextilien- und technischen Sektor, der Entwicklung neuer textiler Verarbeitungstechnologien, insbesondere auf dem Wirkereisektor, der Entwicklung einer Reihe neuer Herstellungstechnologien für nichtgewebte textile Flächengebilde und der erheblichen Ausweitung der Produktion texturierter Faserstoffe gesehen. Dabei wurde vorausgesagt, daß in den nächsten 20 Jahren die texturierten Faserstoffe auf 35% der gesamten Produktion an Chemiefaserstoffen anwachsen werden.

Nach Auffassung des Vortragenden hat dieser Entwicklungsprozeß erhebliche Auswirkungen auf die Struktur der Textilindustrie hinsichtlich einer erforderlichen noch stärkeren und kompromißloseren Konzentration der Kapazitäten im Interesse der Gestaltung optimaler Anlagengrößen, die wirtschaftlich, planvoll und rationell arbeiten. Der sogenannte Mittel- und Kleinbetrieb habe nur Überlebungschancen, wenn er sich kategorisch spezialisiert und den Marktbedürfnissen entsprechend anzupassen versteht. Im zweiten Teil des Eröffnungsvortrages beschäftigte sich der Referent mit der Entwicklung der Chemiefaserstoffindustrie der Republik Österreich, insbesondere des führenden Chemiefaserkonzerns Lenzing AG.

Prof. Dr. *H. Batzer*, Schweiz (Basel):

„Zusammenhänge zwischen Fasern und Kunststoffen"

Der Vortrag stellte eine Einführung in ein spezielles Gebiet der makromolekularen Chemie dar, in der der Referent versuchte, für Kunststoff- und Faserfachleute gemeinsame Gesichtspunkte zu finden; dabei wurde besonders die Bedeutung der Parameter Molekülgröße und Topologie für die Eigenschaften von Fasern und Kunststoffen diskutiert. Interessant war der Gedanke, man solle — um Faserstoffe hoher Qualität zu erzeugen — zunächst von Makromolekülen relativ niedriger Länge (Segmenten) ausgehen, in denen die guten Eigenschaften „vorfixiert" sind, und jene dann durch eine Sekundärreaktion zur erforderlichen Molekülmindestgröße verlängern. Dabei könnte man ggf. durch eine schwache Vernetzung zusätzlich die Querfestigkeit erhöhen. Beide Reaktionen sollten während der Formgebung — z. B. auf einem Extruder — ausgelöst werden.

Die wichtigsten Resultate der *Diskussion* waren unseres Erachtens folgende Feststellungen:

1. Wir sind noch weit davon entfernt, unsere Polymeren umfassend zu charakterisieren; eine Vertiefung der Kenntnisse vom Aufbau und über meßbare Parameter ist unbedingt notwendig.
2. Es fehlen konkrete Definitionen der Anforderungen, die an die meßbaren Eigenschaften der Fasern gestellt werden. Hiermit ist es zunächst noch müßig, Makromoleküle nach „bestimmten Prinzipien" aufbauen zu wollen, die zu Fasern mit „bestimmten Eigenschaften" führen. Beide Parameter sind eben zur Zeit noch nicht hinreichend „bestimmbar".

Dr. *H. L. Röder*, Niederlande (Arnhem):

„Fasereigenschaften und Fertigprodukte"

Der Referent ging *nicht* — wie man eigentlich erwartet hatte — auf die Beziehungen zwischen Fasereigenschaften und Fertigprodukten ein. Er brachte dafür folgende Meinung vor: Die Charakterisierung von Faserstoffen biete heute keine Probleme mehr, die Anforderungen an die Fertigprodukte seien jedoch im allgemeinen noch nicht hinreichend quantifizierbar. Der größte Teil des Vortrages betraf vielmehr den „Verbindungsweg zwischen Faser und Fertigprodukt", d. h. eine ausführliche Beschreibung der Marktstruktur, vom textilen Verarbeiter über den Handel bis zum Verbraucher. Der Hauptaspekt lag dabei in der Forderung, man solle die *Funktion* des Fertigproduktes mehr als bisher in den Vordergrund stellen.

Obwohl dem Vortrag vom Auditorium offensichtlich nur verhaltenes Interesse entgegengebracht wurde, gab es eine längere *Diskussion.* Dabei wurde hervorgehoben, daß für die Fasergestaltung und den Absatz eben doch die Fasereigenschaften maßgebend seien — einschließlich der Verarbeitungseigenschaften — und nicht in erster Linie die Gegebenheiten des Marktes. Unsere Kritik richtet sich auch gegen die vom Referenten aufgestellte Behauptung, die Chemiefasern auf Basis Cellulose seien qualitativ vollständig von den Synthesefasern überholt worden.

Dr. *A. Gröbe*, DDR (Teltow-Seehof):

„Untersuchungen zur Struktur von Celluloseregeneratfasern mit dem Elektronenmikroskop"

Die Vortragende gab einen ausgezeichneten Überblick über die Ergebnisse der Arbeiten, die in den letzten Jahren im IFF Teltow zum Thema durchgeführt und zum größten Teil in dieser Zeitschrift bereits veröffentlicht wurden. Der Zusammenhang zwischen Faserstruktur und -eigenschaften kam klar zum Ausdruck, wobei die Fasern — und das erhöht den Informationsgehalt der Studien — nach verschiedenen Produktionsstufen entnommen waren und die Präparationsmethodik gewährleistete, daß dabei die Fasermorphologie erhalten blieb. Als Untersuchungsmethoden wurden die Elektronenmikroskopie und darüber hinaus — zur möglichst komplexen Charakterisierung der Strukturen — die Quecksilberporosimetrie und die Autoradiographie (Einsatz von Radioisotopen) gewählt.

Der praktische Wert solcher Arbeiten, die experimentell außerordentlich aufwendig sind, wurde zunächst am Beispiel eines klassischen Rayonverfahrens gezeigt; dann wurde das Modalfaserspinnverfahren unter Berücksichtigung der gewonnenen Ergebnisse erörtert und dargelegt, welche Prozeßstufen — besonders beim Spinnverfahren unter Zusatz von Formaldehyd — die Strukturausbildung entscheidend beeinflussen.

Die sehr lebhafte *Diskussion* konzentrierte sich auf folgende Punkte:

1. Ursachen der Bildung eines Hohlraumsystems im Fadeninneren.
2. Verhalten dieser Hohlräume bei der Nachbehandlung.
3. Erklärung der Modifierwirkung, speziell beim HWM-Verfahren.
4. Fragen der Zink-Cellulosexanthogenat-Bildung und der Zinkverteilung im Fadenquerschnitt.
5. Darlegung der experimentellen Methodik.
6. Spinnverfahren in Cadoxen.
7. Wirkungsweise des Formaldehyds beim Formalinspinnprozeß.

Direktor Dr. *H. Keller*, Schweiz (Winterthur):

„Die Verarbeitung von Chemiefasern auf Open-End-Spinnmaschinen“

Der Vortrag stellte eine hervorragende Studie dar über die Bedeutung der Automatisierung der Faserverspinnung unter besonderer Berücksichtigung des Offen-End-Spinnverfahrens hinsichtlich des Entwicklungsstandes der verschiedenen technologischen Konzeptionen und Konstruktionen sowie ihre Eignung für die Verarbeitung von Chemiefasern und deren Mischungen mit nativen Fasern. Die Zusammenhänge der einzelnen Charakteristika bei der Verarbeitung von Chemiefasern bzw. Chemiefasermischungen auf Open-End-Spinnmaschinen, wie z. B. Fasereigenschaften, Faserarten, Mischungsverhältnisse, Faserlänge, Kräuselung, Mattierung, Querschnittsform u. a. wurden ausführlich erläutert. In einem weiteren Teil seines Vortrages behandelte der Autor die möglichen Fehlerquellen, die bei dieser Verarbeitungstechnologie auftreten können, sowie die technologischen und technischen Grenzen des Verfahrens und dessen Wirtschaftlichkeit. Einen breiten Raum nahmen die Erläuterung der tschechischen OE-Spinnmaschine BD 200 und die darauf hergestellten Garnqualitäten sowie die Wirtschaftlichkeit dieser Maschine ein. Der Autor betonte, daß es sich in diesem Fall um die z. Z. einzige Maschine handelt, die industriell einsatzfähig ist. Zusammenfassend wurde die sehr berechtigte Forderung besonders unterstrichen, daß es dringend notwendig ist, eine enge Zusammenarbeit auf diesem Gebiet zwischen Chemiefaserhersteller, Verarbeiter und Maschinenbaubetrieb zu organisieren, um diese neue Entwicklung schneller und umfassender nutzen zu können.

Die *Diskussion* befaßte sich mit speziellen Problemen des Einflusses der Kräuselung, klebender Ablagerungen und daraus resultierender Erfordernisse an die Reinigung der Turbinen, der Kombination der Konvertertechnologie mit dem Open-End-Spinnverfahren, der Möglichkeit der Substitution des Ringspinnprozesses und der noch erforderlichen wissenschaftlichen Forschungsarbeiten. Der Referent brachte dabei zum Ausdruck, daß eine Kombination der Konverter- und Open-End-Technologie prinzipiell als möglich betrachtet werden muß und derartige Entwicklungsarbeiten bereits laufen. Eine absolute Substitution des Ringspinnverfahrens wird jedoch nicht für möglich gehalten.

Dipl.-Ing. *E. Kleinhansl*, Bundesrepublik Deutschland (Denkendorf):

„Automatisierung der Dreizylinderspinnerei für Chemiefasern“

Einleitend kommt der Referent zu der Feststellung, daß sich die Automatisierungsvorhaben in der Verspinnung von Fasern unter Berücksichtigung des maschinentechnischen Entwicklungsstandes gegenwärtig insbesondere auf die Verfahrensstufen des Vorwerkes vom Ballen bis zum Streckenband sowie einer Automatisierung des Abziehprozesses an der Ringspinnmaschine konzentrieren. Im Ergebnis umfassender systematischer Entwicklungsarbeiten mit einer teilautomatisierten Chemiefaserverarbeitungsanlage kommt der Autor zu folgenden Schlußfolgerungen:

Zwischen dem Prinzip der klassischen Ballenöffnung (Wiegekastenspeiser) und dem mechanischen Abtragen der Ballen (Zupfmechanismus) bestehen in der Gleichmäßigkeit und Reinheit keine Unterschiede, so daß gegen die Verwendung von Zupfaggregaten, selbst bei empfindlichen Fasern und bei hohen Maschinenleistungen, keine Einwände bestehen sollten. Die Ergebnisse zeigten ferner, daß die Flockespeisung an den Karden gleichmäßigere Kardenbänder ergibt als die Verwendung von Schlagmaschinenwickeln, und bei einer Kombination von Karde und Strecke aus Gründen einer flexiblen Synchronisierung die Verwendung von zwischengeschalteten Bandspeichern empfehlenswert ist. Der Einsatz einer Streckpassage ohne Bandregulierung genügt nicht, um die Gleichmäßigkeit eines Zweipassagenverfahrens zu erreichen. Bei der Verkürzung des Verspinnungsprozesses durch Einsparung von Passagen muß dem Orientierungsgrad der Faser im Vorgarn infolge der Entstehung von sogenannten Faserhäkchen an der Karde besondere Aufmerksamkeit geschenkt werden. Bei der weiteren Optimierung der Vorspinnereitechnologie sollte das Open-End-Spinnverfahren Beachtung finden, da es dadurch möglich werden kann, den Flyer und ggf. eine oder gar beide Streckpassagen einzusparen.

In der anschließenden *Diskussion* wurden die Zusammenhänge zwischen Sprödigkeit bzw. Biegefestigkeit der Faser sowie der Häkchenrichtung und dem Fadenbruchfaktor bzw. die Reißkraft des Garnes, die möglichen Ausspinngrenzen für derartige Kurzsortimente, die Abhängigkeit der Stapellänge bei der Verspinnung von Chemiefasern und Baumwolle sowie die Problematik der Herstellung vorgemischter Chemiefaserballen durch den Chemiefaserhersteller behandelt.

Dr. *G. Pamm*, USA (Wilmington):

„Technologische Fortschritte auf dem Gebiet der Teppich-Polymerfasern“

Wie der Referent in seinem Übersichtsvortrag an Hand von Statistiken nachwies, ist der Einsatz von Synthesefasern im Teppichsektor, dessen Markt stark expandiert, in den letzten Jahren enorm angestiegen. Als Gründe wurden genannt: Die Vielfalt der Eigenschaften dieser Fasern und ihre Wirtschaftlichkeit. Außerdem sei es möglich, durch Kombination sowie durch chemische und — hauptsächlich — „architektonische“ Modifizierung der Faserstoffe eine Vielzahl von Teppichvarianten zu produzieren, besonders hinsichtlich Anfärbbarkeit (Stückfärbung!), Glanz, Kräuselung und Anschmutzung. Die Suche nach einer idealen *Universal*-Teppichfaser sei deshalb unzweckmäßig und nicht gerechtfertigt.

In der *Diskussion* wurde dargelegt, die Kräuselbeständigkeit der Polyesterfaser sei — speziell, wenn sie als Bikomponentenfaser eingesetzt wird — mindestens so gut wie die der Polyamidfaser. Auf die Frage, welche spezifischen Eigenschaften der Polyesterfaser ihren besonders dynamischen Einsatz im Teppichsektor rechtfertigen, antwortete der Vortragende u. a., Polyesterfasern hätten ein gutes Image, und der Verbraucher verlangte nach Polyester. Außerdem sei hier die Stückfärberei besser gewährleistet als z. B. bei Polyacrylnitril. Hinsichtlich des Problems der Teppichhygiene in Krankenhäusern zerstreute der Referent alle Bedenken: Durch Schampunieren und Desinfektion könne man erreichen, daß jede Art von Bakterien abstirbt. Für eine Verbesserung des elektrostatischen Verhaltens sei im Garn noch keine Lösung gefunden; Stahlfasern sind offensichtlich als Mischungskomponente nicht geeignet — sie brechen leicht heraus.

8. Internationale Chemiefasertagung Dornbirn 1969

Dr. *H. Vogg*, Bundesrepublik Deutschland (Karlsruhe):

„Isotopentechnik in der Textilindustrie"

Der Vortragende behandelte zunächst sehr ausführlich die Grundbegriffe der Isotopentechnik, wie Art und Energie der Strahlung, Aktivität, Halbwertzeit u. a. sowie die Anwendungsmöglichkeiten geschlossener Präparate, beispielsweise für die Flächenmassemessung oder die Feuchtebestimmung. Erwähnenswert ist die Durchführung einer Aktivierungsanalyse zur Bestimmung der Mischungskomponentenverteilung in einem Garn aus 70% Diolen/30% Viskosefaser durch inaktive Markierung der Diolenfaser bei der Herstellung mit 0,2% Lanthan. Im Schlußteil des Vortrages wurden Fragen der Wirtschaftlichkeit behandelt. Dabei wurde ausgeführt, daß sich eine Untersuchung mit offenen Strahlern auf etwa 2 bis 3 Tage beläuft und ca. 2000 bis 3000 DM kostet.

Die *Diskussion* beschränkte sich auf sehr allgemeine Fragen, wie auf den Bezug und den Einsatz von Strahlern, die Abwasserreinigung, die Nutzung der Aktivierungsanalyse für Regelungsprobleme im Produktionsprozeß und die Anwendung von geschlossenen Strahlern bei stark schäumenden Lösungen. Zum Abschluß der Diskussion forderte der Referent eine stärkere Zusammenarbeit zwischen den Fachleuten und Wissenschaftlern der Textilindustrie und den Fachleuten auf dem Gebiet der Anwendung radioaktiver Isotope.

F. Kaun, Bundesrepublik Deutschland (Wuppertal):

„Das Verhalten von Chemiefasergeweben in der Konfektion"

Der Vortragende ging einleitend von der Tatsache aus, daß Chemiefaserstoffe in allen Zweigen der Textilindustrie verarbeitet und eingesetzt werden und leitete daraus das Erfordernis ab, daß in der Verantwortung der Chemiefaserstoffhersteller eine wissenschaftlich fundierte Beratung auch auf dem Gebiet der Verarbeitung von textilen Flächengebilden aus Chemiefaserstoffen durch die Konfektionsindustrie notwendig ist. An umfangreichen Beispielen, demonstriert durch Diapositive und Vorführung am Mannequin, wurde nachgewiesen, daß es bei der Entwicklung von textilen Flächengebilden aus neuen bzw. modifizierten Chemiefaserstoffen und deren Einführung auf dem Markt zweckmäßig ist, eine enge Zusammenarbeit des Chemiefaserherstellers mit allen Stufen der textilen Weiterverarbeitung einschließlich der Bekleidungsindustrie zu gestalten. Der Vortrag beschäftigte sich mit spezifischen Problemen der Entwicklung der textilen Flächengebilde aus Chemiefaserstoffen, der verschiedensten Arten von Flächengebilden, der Modellgestaltung, dem Zuschnitt, dem Nähen, Bügeln, der besonderen Problematik der Zutaten sowie spezifischen Fragen der Verarbeitung von Gewirken und Gestricken sowie der Frontfixierung. An einigen Beispielen, wie der sogenannten vollwaschbaren bzw. waschmaschinenbeständigen Oberbekleidung und der Bekleidung aus neuen Flächengebilden (Lackleder u. a.), wurde nachgewiesen, daß leider sehr oft werbetechnische und modische Gesichtspunkte die wissenschaftlichen Erkenntnisse der Gebrauchswertprüfung und Bekleidungsphysiologie in den Hintergrund treten lassen.

Die *Diskussion* erschöpfte sich auf Grund des nach Auffassung der Rezensenten etwas hinter den Erwartungen zurückgebliebenen Vortrages in der Problematik der Verantwortlichkeit des Chemiefaserstoffherstellers zur wissenschaftlichen Bearbeitung bekleidungstechnischer Aufgabenstellungen.

Dr. *G. Kaufmann*, Bundesrepublik Deutschland (Hoechst):

„Das Färben synthetischer Fasern in der Masse"

Nach den Worten des Vortragenden war das Ziel des Referates, „an einen breiten Kreis interessierter Fachleute die technischen Probleme der Pigmentzerteilung bei einer Spinnfärbung heranzutragen und für derartige, insbesondere auf die Schmelzspinnfärbung bezogenen Fragen das zur Bearbeitung notwendige Rüstzeug zusammenzustellen".

Demzufolge trat die Problematik, die beim Lösungsspinnen entsteht, etwas in den Hintergrund (günstige Methode: Einbringen der Farbstoffmasse mittels Dosierpumpen kurz vor dem Verspinnen; dabei hohe Anforderungen an die Feinverteilung der Pigmentdispersion). Die zwei Möglichkeiten des Massefärbens beim Schmelzspinnen hingegen wurden eingehend diskutiert: das Kondensationsverfahren und das Pannierverfahren. Beim ersten liegt der Vorteil darin, daß der Farbstoff fein verteilt werden kann; einer Verschmutzung der Anlagen wird vorgebeugt, indem das Farbstoffsystem wieder kurz vor der Düse eingespeist wird. Beim Pannierverfahren, wo die Gefahr der unzureichenden Feinverteilung zum Problem wird (Fadenbrüche!), ist es angezeigt, Farbstoffe einzusetzen, die sich in der Schmelze lösen. Besonders bei der Herstellung von Polyolefinfasern wird dieses Verfahren angewandt.

Von den *Diskussions*teilnehmern wurde betont, daß das Spinnfärben immer noch riskant sei, da man Ablagerungen von Farbstoffen nicht immer ausschließen könne. Besonders große Schwierigkeiten treten offensichtlich beim kontinuierlichen Polyamid- oder Polyester-Prozeß auf, so daß die Spinnfärbung hier noch nicht industriell durchgeführt werde.

Dr. *H. Pfeiffer*, Bundesrepublik Deutschland (Obernburg):

„Methoden zur Erzeugung flammgeschützter Textilien"

Der Vortrag bot einen ausgezeichneten Überblick über den derzeitigen Entwicklungs- und Erkenntnisstand auf dem Gebiet der Erzeugung flammfester bzw. schwerentflammbarer Faserstoffe und textiler Flächengebilde sowie deren Prüfung. Nach einem kurzen historischen Überblick und einer Erläuterung bestehender gesetzlicher Grundlagen auf diesem Gebiet in verschiedenen Ländern diskutierte der Autor im ersten Hauptteil seines Vortrages die z. Z. angebotenen wichtigsten flammhemmenden Substanzen, insbesondere auf Basis organischer Phosphor- und Halogenverbindungen. Die Auswirkungen derartiger Ausrüstungen auf die Gebrauchswerteigenschaften der textilen Flächengebilde werden kritisch untersucht und die verschiedenen Brenntestmethoden erläutert und hinsichtlich ihrer Aussagekraft gewichtet. In der Benotungseinteilung nach Größe der Brennstelle und Brenndauer soll das von der westdeutschen Industrievereinigung Chemiefaser empfohlene Bogentestgerät die am besten reproduzierbaren Ergebnisse bringen. Im zweiten Hauptteil des Referates werden der Entwicklungsstand der Erzeugung flammfester Chemiefaserstoffe, insbesondere auf Basis regenerierter Cellulose, sowie die angebotenen flammhemmenden Inhibitoren und deren Wirksamkeit beleuchtet. Im letzten Teil des Vortrages werden die Möglichkeiten der weiteren Entwicklung auf diesem interessanten Gebiet aufgezeigt.

Die *Diskussion* konzentrierte sich auf die Probleme der Wirtschaftlichkeit der verschiedenen Verfahren zur Erzeugung flammfester Chemiefaserstoffe bzw. textiler Flächengebilde aus Chemiefaserstoffen, die Anwendung von anorganischen Faserstoffen, insbesondere Glasseide, zur Lösung dieser Problematik, Beispiele von aufgetretenen Schadensfällen und der Entwicklung geeigneter Mischgewebe aus synthetischen und nativen Faserstoffen.

O. Wolff von Amerongen, Bundesrepublik Deutschland (Köln):

„Gefahren und Chancen für die Wirtschaft im Welthandel".

Der Referent behandelte insbesondere Fragen des Außenhandels der Bundesrepublik Deutschland im Rahmen der europäischen Wirtschaftsgemeinschaft und zu anderen Wirtschaftsvereinigungen. Es wurde klar zum Ausdruck gebracht, daß Westdeutschland von allen EWG-Ländern am meisten auf den Außenhandel angewiesen ist und der Schwerpunkt mit insgesamt 55% des Gesamtexportes auf den Gebieten der Chemie, der Elektrotechnik und des Maschinenbaues liegt. Nach Auffassung der Rezensenten konnte die Abhandlung des zweifellos sehr interessanten Themas nicht ganz befriedigen, da die Aussagen im wesentlichen auf die Bundesrepublik Deutschland beschränkt waren und zu sehr im Lichte der Vertretung westdeutscher Konzerninteressen gesehen wurden. Es wäre wünschenswert gewesen, die zweifellos vorhandenen Probleme im Rahmen des gestellten Themas komplexer zu behandeln und kritischer zu werten.

Eine Diskussion zu diesem Vortrag fand leider nicht statt.

H. Bürger und *V. Gröbe*

Neue Bücher

Farbmetrik und ihre Anwendung in der Textilindustrie. Von *J. Kurz* und *W. Lebensaft.* Mönchengladbach: Lapp-Verlag 1967. 86 S., 21 × 23,5 cm, 118 Abb. Halbl., folienkaschiert, DM 22,—.

Zu dieser interessanten Thematik ist in den letzten Jahren in der Fachliteratur eine relativ große Anzahl von Beiträgen erschienen. Diese Tatsache signalisiert deutlich, welches große Interesse die angewandte Farbmessung in der Textilindustrie in Fachkreisen schon findet und welche große Bedeutung dieser Disziplin bei den sich immer klarer abzeichnenden Einsatzmöglichkeiten in naher Zukunft einzuräumen sein wird. Der Colorist wird seine diffizile Arbeit mehr und mehr durch farbmetrische Methoden objektiv abstützen und gestalten und dadurch von wechselnden Umwelteinflüssen, psychologischen, physiologischen und anderen Störgrößen unabhängig werden. Er wird die verschiedensten coloristischen Probleme, wie z. B. Bestimmung und Festlegung von Farbdifferenzen und Toleranzgrenzen, Überwachung von Färbeprozessen, Rezepturberechnungen, Metamerieprobleme sowie ökonomische Fragen durch farbmetrische Methoden schneller und vor allem sicherer lösen können. Daß die dabei gewonnenen Meßdaten darüber hinaus beliebig speicherfähig und zur Datenverarbeitung geeignet sind, ist nicht zu übersehen.

Die vorliegende Monographie gibt zu diesen Aspekten eine ausgezeichnete Einführung und stellt in logisch aufgebauter, klar gegliederter und anschaulicher Form die physiologischen und physikalischen Grundlagen, die verschiedensten Meß- und Berechnungsmethoden, instrumentelle Voraussetzungen sowie Anwendungsmöglichkeiten und Grenzen der angewandten Farbmetrik in der Textilindustrie dar.

Das Kapitel „Farbmetrik" behandelt ausführlich die physiologischen und physikalischen Grundlagen der Farbmessung, die verschiedenen Meßverfahren, die Transformation der CIE-Farbmaßzahlen in Werte der DIN-Farbenkarte und Methoden der Farbdifferenzberechnung. Ein kürzeres Kapitel zu Möglichkeiten der „Weißgradmessung" unter Berücksichtigung optisch aufgehellter Textilien schließt sich an. Einen etwas größeren Umfang nimmt dann das Kapitel „Rezeptvorausberechnung" nach photometrischen und farbmetrischen Methoden ein. Möglichkeiten der Vorausberechnung von Rezepten sind für den Coloristen naturgemäß von besonderem Interesse, was hier auch durch Berechnungsbeispiele und viele z. T. farbige Darstellungen Berücksichtigung fand. In diesem Kapitel werden bei den photometrischen Methoden die Zusammenhänge zwischen Remission und Konzentration, Gesichtspunkte der Farbstoffauswahl und Rezepturberechnungen nach „Rohner" und nach „Derby" erläutert, sowie auf verschiedene Möglichkeiten farbmetrischer Methoden eingegangen.

In einem Kapitel „Anwendungsmöglichkeiten und Grenzen der Farbmetrik" werden diese kurz skizziert, und mit einem Anhang „Apparate für die Farbmessung" wird diese Arbeit abgerundet. Dieser letzte Abschnitt dürfte allerdings lediglich als Orientierungshilfe über Aufwand und technische Daten derartiger Geräte aufzufassen sein, denn auch hier sind rasche Fortschritte bei der Weiterentwicklung und Vervollkommnung zu beobachten.

Die hier vorgelegte Monographie bietet dem interessierten Leser einen guten Einblick in Grundlagen und Möglichkeiten der textilen Farbmessung und liefert dem Coloristen, bei aller Beschränkung auf das Wesentliche, das erforderliche Rüstzeug, um sich in dieses spezielle Fachgebiet einarbeiten zu können. Die zahlreichen glücklich ausgewählten Abbildungen und Tabellen tragen zum didaktischen Wert des Buches sicher ganz erheblich bei. *B. Borrmeister*

Tagungen

Symposium Polykondensationsreaktionen

Der Fachverband „Makromolekulare Chemie" der Chemischen Gesellschaft in der DDR veranstaltet unter Schirmherrschaft der Internationalen Problemkommission „Hochmolekulare Verbindungen" der Akademien sozialistischer Länder das

2. Internationale Symposium
„Polykondensationsreaktionen"

am 29. und 30. September 1970 in Dresden.

Nähere Auskunft über diese Veranstaltung erteilt:

Dr. *W. Jaeger*
Organisationskomitee Symposium
Polykondensationsreaktionen
Institut für Faserstoff-Forschung der DAW
DDR — 153 Teltow-Seehof, Kantstr. 55
Tel. Teltow 4831, Telex 15322

Textiltechnische Gespräche Stuttgart 1970

Anläßlich der diesjährigen Jahrestagung des Forschungskuratoriums Gesamttextil in Stuttgart und der im Rahmen dieser Veranstaltung vorgenommenen Eröffnung des 3. Teilinstituts der Deutschen Forschungsinstitute für Textilindustrie Reutlingen-Stuttgart, des Instituts für Chemiefasern, wurde mitgeteilt, daß die Deutschen Forschungsinstitute für Textilindustrie am

1. und 2. Oktober 1970

eine Vortrags- und Diskussionstagung mit dem Thema

Texturierte Garne
Forschung und Praxis

veranstalten werden.

Zu dieser Tagung werden Fachleute aus Industrie und Wissenschaft erwartet. Das ausführliche Programm wird in Kürze veröffentlicht.

Weitere Auskünfte erteilt:

Institut für Chemiefasern
7 Stuttgart-Wangen
Ulmer Straße 227

Chemiefasersymposium 1970

Die Chemische Gesellschaft in der DDR, die Deutsche Akademie der Wissenschaften zu Berlin und die Chemiefaserindustrie der Deutschen Demokratischen Republik veranstalten gemeinsam das

3. Internationale Chemiefasersymposium

vom 1. bis 4. Dezember in Dresden.

Nähere Auskunft über diese Veranstaltung erteilt:

Dr. *J. Baudisch*
Organisationskomitee Chemiefasersymposium
Institut für Faserstoff-Forschung der DAW
DDR — 153 Teltow-Seehof, Kantstr. 55
Tel. Teltow 4831, Telex 15322

Patentschau

Auszug aus der Lieferung 15/16/1969 der Patentschau „Faserstoffe und Textiltechnik“
Ausgabe A: Faserstoffe einschl. Kunststoffe und organ. Grundsubstanzen, zusammengestellt von der Abteilung Wissenschaftliches Berichtswesen des Instituts für Faserstoff-Forschung der DAW, 153 Teltow-Seehof, Kantstr. 55

Die Patentschau ist nach der deutschen Patentklasseneinteilung gegliedert. Es bedeuten: DDP = DDR-Patent; DBP = Deutsches Bundespatent; DAS = (West)-Deutsche Auslegeschrift; DOS = (West)-Deutsche Offenlegungsschrift; OeP = Österreichisches Patent; PoP = Polnisches Patent; SzP = Schweizer Patent; FrP = Französisches Patent; GBP = Britisches Patent; JaP = Japanisches Patent; SvP = Schwedisches Patent; SUP = Sowjetisches Patent; ČSP = Tschechoslowakisches Patent; USP = Amerikanisches Patent: A = Anmeldedatum, B = Tag der Ausgabe der Patent- bzw. Auslege- oder Offenlegungsschrift.

Klasse 12o, 14. Aromatische Carbonsäuren und Harzsäuren (teilweise)

JaP 5863/69. Dimethylterephthalat. Inh.: Toyo Rayon Co., Ltd. A. 29.12.64, B. 12. 3. 69. A.-Z.: 74742/64.

USP 3431243. Verfahren zur Herstellung von Polyäthylenterephthalat aus komprimierter Terephthalsäure. Erf.: *Seiji Uno, Seiji Kazama* u. *Fumio Uno*. Inh.: Teijin Ltd., Osaka (Ja). A. 4. 12. 63, B. 4. 3. 69. Kl.: 260–75. Int. Kl.: C 08g 17/04. 6 Anspr. A.-Z.: 328098.

USP 3431296. Verfahren zur Herstellung von sehr reiner Terephthalsäure. Erf.: *Yataro Ichikawa* u. *Nobuo Suzuki*. Inh.: Teijin Ltd., Osaka (Ja). A. 21. 9. 64, B. 4. 3. 69. Kl.: 260–525. Int. Kl.: C 07c 51/42. 7 Anspr. A.-Z.: 398034. Prior.: 10. 10. 63, 23. 7. 64 u. 8. 9. 64 (Ja; A.-Z.: 38/52780, 39/42156 u. 39/51285). Entspr. SzP 455736 u. FrP 1418262.

Klasse 12o, 21. Carbonsäuren mit ungesättigter Atomkette, z. B. Zimtsäure (teilweise)

DOS 1443568. Verfahren zur Entfernung von Schwermetallstabilisatoren aus polymerisierbaren Monomeren. Erf.: *Wolfgang Seeliger*. Anm.: Chemische Fabrik Kalk GmbH, 5000 Köln-Kalk. A. 8. 6. 62, O. 19. 12. 68. Kl.: 12o, 21. A.-Z.: P 1443568.

DOS 1468663. Katalytisches Verfahren zur Herstellung von Nitrilen. Erf.: *Natal Ferlazzo, Giorgio Caporali, Nicola Giordano* u. *Paolo Marinozzi*. Anm.: Società Edison, Mailand (It). A. 21. 8. 63, O. 9. 1. 69. Kl.: 12o, 21. A.-Z.: P 1468663. Prior.: 23. 8. 62 (It; A.-Z.: 26538).

DOS 1468944. Verfahren zur Herstellung von Methacrylsäure. Erf.: *Günter Schröder* u. *Herbert Fink*. Anm.: Röhm & Haas GmbH, 6100 Darmstadt. A. 29. 10. 65, O. 19. 12. 68. Kl.: 12o, 21. A.-Z.: P 1468944.

USP 3426059. Verfahren zur Herstellung von Acrylnitril und Methacrylnitril mittels katalytischer Ammonoxydation von Propylen und Isobutylen. Erf.: *Jamal S. Eden*. Inh.: The B. F. Goodrich Co., New York, N. Y. A. 30. 8. 65, B. 4. 2. 69. Kl.: 260–465,3. Int. Kl.: C 07c 121/04 u. 121/02. 12 Anspr. A.-Z.: 483793.

Klasse 12p, 5. Stickstoffringe der heterocyclischen Reihe mit einem Stickstoffatom. Sonstige Ringe mit einem Stickstoffatom . . .; Lactame . . . (teilweise)

DOS 1445149. Verfahren zur Herstellung von L-alpha-Aminolactam aus einem Gemisch von D- und L-alpha-Aminolactam. Erf.: *Johannes Engelbertus Nelemans, Albertus Hubertus Pecasse, Willem Pesch* u. *Ulrich Verstrijden*. Anm.: Stamicarbon N. V., Heerlen (Nd). A. 14. 7. 60, O. 23. 1. 69. Kl.: 12p, 5. A.-Z.: P 1445149. Prior.: 15. 7. 59 (Nd; A.-Z.: 241310). Entspr. SzP 391709.

JaP 5868/69. Lactame. Inh.: Toyo Rayon Co., Ltd. A. 27. 7. 65, B. 12. 3. 69. Kl.: 16E. A.-Z.: 45043/65.

JaP 6824/69. Lactame. Inh.: Toyo Rayon Co. Ltd. A. 18. 3. 65, B. 25. 3. 69.

USP 3422093. Derivate des ε-Caprolactams. Erf.: *Herbert K. Reimschuessel* u. *John V. Pascale*. Inh.: Allied Chemical Corp., New York, N. Y. A. 13. 9. 65, B. 14. 1. 69. Kl.: 260–239,3. Int. Kl.: C 07d 41/06 u. C 08g 20/12. 9 Anspr. A.-Z.: 486636.

Klasse 29a. Mechanische Gewinnung von Gespinstfasern

JaP 7376/69. Zentrifugenspinnmaschine. Inh.: Teijin Co., Ltd. A. 7. 2. 67, B. 2. 4. 69. Kl.: 42A. A.-Z.: 7807/67.

DOS 1435356. Spulenspinnmaschine für endlose nach dem Schmelz- oder Trockenspinnverfahren hergestellte künstliche Fäden. Erf.: *Heinz Schippers* u. *Erich Lenk*. Anm.: Barmag Barmer Maschinenfabrik AG, Wuppertal. A. 24. 12. 63, O. 14. 11. 68. Kl.: 29a, 6/01. A.-Z.: P 1435356.1 (B 74811). Entspr. SzP 423083 u. FrP 1418662.

DOS 1435322. Verfahren zur Herstellung stark schrumpfbarer Acrylnitrilfäden oder -fasern. Erf.: *Yoshisato Fujisaka, Chozu Nakayama, Hidehiko Kobayashi* u. *Kiichiro Sasaguri*. Anm.: Asahi Kasei Kogyo Kabushiki Kaisha, Osaka (Ja). A. 13. 2. 63, O. 21. 11. 68. Kl.: 29a, 6/06. A.-Z.: P 1435322.1 (A 42328). Prior.: 13. 2. 62 (Ja; A.-Z.: 4837).

DOS 1435523. Verfahren zur Herstellung von Synthesefäden aus Polyvinylalkohol mit guter Formstabilität und Wasserlöslichkeit. Erf.: *Shigekazu Onishi* u. *Eiichi Morita*. Anm.: Kurashiki Rayon Co., Ltd. Kurashiki-City (Ja). A. 23. 4. 64, O. 21. 11. 68. Kl.: 29a, 6/06. A.-Z.: P 1435523.8 (K 52765). Prior.: 23. 4. 63 (Ja; A.-Z.: 20843). Entspr. SzP 437625, FrP 1391393, GBP 1049696 u. USP 3383447.

GBP 1148249. Verfahren und Vorrichtung zur Herstellung eines Noppenfadens aus linearen synthetischen Polykondensationsprodukten. Inh.: Bemberg S. p. A. A. 19. 5. 67, B. 10. 4. 69. Kl.: B 5.B. Int. Kl.: D 01d 5/20. A.-Z.: 23375/67. Prior.: 3. 6. 66 (It; A.-Z.: 12683). Entspr. FrP 1524768.

JaP 2515/69. Faserstoff zum Schleifen. Inh.: Toyo Rayon Co. Ltd. A. 19. 7. 66, B. 3. 2. 69. Kl.: 42G. A.-Z.: 46774/66.

JaP 7379/69. Spinnen konjugierter Fäden. Inh.: Toyo Rayon Co., Ltd. A. 31. 7. 67, B. 2. 4. 69. Kl.: 42A. A.-Z.: 49161/66.

JaP 7380/69. Vorrichtung zum konjugierten Spinnen. Inh.: Toyo Rayon Co., Ltd. A. 17. 7. 67, B. 2. 4. 69. Kl.: 42A. A.-Z.: 45925/67.

USP 3421926 Zus. z. Pat. m. A.-Z.: 432162. A. 12. 2. 65. Verfahren zum Applizieren einer Flüssigkeit auf sich fortbewegende Fäden. Erf.: *Gerald Thomas Davies* u. *Kenneth Gordon Brown*. Inh.: British Nylon Spinners Ltd., Pontypool, Monmouthshire (GB). A. 4. 8. 67, B. 14. 1. 69. Kl.: 117–66. Kl.: B 05c 1/04. 8 Anspr. A.-Z.: 658460.

JaP 7386/69. Kontinuierliche Heißbehandlung synthetischer Fasern. Inh.: Kokusai Electric Co., Ltd. A. 29. 3. 66, B. 2. 4. 69. Kl.: 42A. A.-Z.: 18948/66. Entspr. FrP 1515673.

USP 3425108. Vorrichtung und Verfahren zur Behandlung von laufendem multifilem synthetischem Material mit einem Gasstrahl. Erf.: *Giacomo Cerutti* u. *Giorgio Faraci*. Inh.: Bemberg S. p. A., Mailand (It). A. 6. 2. 67, B. 4. 2. 69. Kl.: 28–1. Int. Kl.: D 02g 3/00. D 01d 1/00 u. D 06c 1/00. 18 Anspr. A.-Z.: 614285. Prior.: 9. 2. 66 (It; A.-Z.: 2894/66). Entspr. FrP 1510719.

DOS 1435473. Spinndüse zur Herstellung von Verbundfäden. Erf.: *Richard Seiz*. Anm.: W. C. Heraeus GmbH, 6450 Hanau. A. 2. 11. 61, O. 21. 11. 68. Kl.: 29a, 6/10. A.-Z.: P 1435473.5 (H 44026). Entspr. DDP 43159, SzP 404847, GBP 974118 u. USP 3181201.

USP 3419936 Zus. z. Pat. m. A.-Z.: 249822. A. 7. 1. 63. Spinndüse zum Schmelzspinnen von Fäden. Erf.: *James G. Sims*. Inh.: Monsanto Co., St. Louis, Mo. A. 31. 1. 67, B. 7. 1. 69. Kl.: 18–8. Int. Kl.: D 01d 3/00 u. A 62c 31/04. 8 Anspr. A.-Z.: 632456. A.-Z.: 249822 vgl. auch USP 3425893. Entspr. SzP 438566, FrP 1382421 u. GBP 1017137.

DOS 1435344. Verfahren und Vorrichtung zum Aufwickeln von Fäden, insbesondere von synthetischen. Erf. u. Anm.: Kunstseiden-Maschinen- und Apparatebau und Vertrieb, Emil Blaschke, Endersbach. A. 25. 1. 62, O. 14. 11. 68. Kl.: 29a, 6/15. A.-Z.: P 1435344.7 (B 65649). Entspr. SzP 404848 u. USP 3174270.

DOS 1435492. Verfahren und Vorrichtung zur Herstellung von Textilfasern mit Permanentkräuselung. Erf.: *Yishimasa Fujita, Keiichi Zoda, Keitaro Shimoda*. Anm.: Japan Exlan Co. Ltd., Osaka (Ja). A. 14. 7. 62, O. 14. 11. 68. Kl.: 29a, 6/20. A.-Z.: P 1435492.8 (J 22107). Prior.: 14. 7. 61 (Ja; A.-Z.: 25393). Entspr. GBP 954274 u. USP 3182106.

DOS 1435500. Verfahren und Vorrichtung zum Herstellen von verdickten Fadengarnen. Erf.: *Yoshimasa Fujita, Keijiro Kuratani* u. *Keiichi Zoda*. Anm.: Japan Exlan Co. Ltd., Osaka (Ja). A. 2. 10. 63, O. 21. 11. 68. Kl.: 29a, 6/20. A.-Z.: P 1435500.1 (J 24506). Prior.: 2. 10. 62 (Ja; A.-Z.: 43877). Entspr. USP 3397426.

DOS 1435517. Verfahren und Einrichtung zum Kräuseln von kontinuierlichem Spinnkabel oder -gut. Erf. u. Anm.: Kawashima, Kanichi, Gifu (Ja). A. 2. 4. 63, O. 23. 1. 69. Kl.: 29a, 6/20. A.-Z.: P 1435517.0 (K 49364).

DOS 1435521. Vorrichtung zur Wärmebehandlung synthetischer Fasern. Erf. u. Anm.: *Kodaira Nobuhisa*, Tokio (Ja). A. 12. 10. 63, O. 2. 1. 69. Kl.: 29a, 6/20. A.-Z.: P 1435521.6 (K 51067). Prior.: 19. 10. 62 (Ja; A.-Z.: 61045, 61046). Entspr. FrP 1379716.

DOS 1435597. Verfahren und Vorrichtung zum Falschzwirnen von laufendem Garn. Erf.: *Leendert van Assendelft*. Anm.: N. V. Onderzoekingsinstituut Research, Arnhem (Nd). A. 12. 9. 62, O. 2. 1. 69. Kl.: 29a, 6/20. A.-Z.: P 1435597.6 (N 22089). Prior.: 12. 9. 61 (Nd; A.-Z.: 269191). Entspr. USP 3204398.

DOS 1435600. Verfahren zur Einleitung eines Kammerkräuselungsprozesses und Vorrichtung zur Kammerkräuselung von Garnen mit fortlaufenden Einzelfasern. Erf.: *Jannes Eshuis*. Anm.: N. V. Onderzoekingsinstituut Research, Arnheim (Nd). A. 4. 12. 62, O. 19. 12. 68. Kl.: 29a, 6/20. A.-Z.: P 1435600.4 (N 22443). Prior.: 5. 12. 61 (Nd; A.-Z.: 272189).

DOS 1435703. Intermittierend gekräuseltes Garn und Verfahren zu seiner Herstellung. Erf.: *Shiro Yano, Eizaburo Kawarabayashi, Shoichi Takura* u. *Takuji Morokawa*. Anm.: Toyo Rayon Kabushiki Kaisha, Tokio u. Eizaburo Kawarabayashi, Kyoto (Ja). A. 22. 12. 62, O. 16. 1. 69. Kl.: 29a, 6/20. A.-Z.: P 1435703.0 (T 23249). Prior.: 28. 12. 61 (Ja; A.-Z.: 47770). Entspr. USP 3284871.

DOS 1435728. Kräuseln von multifilen Fäden durch Fixieren eines zeitweilig aufgebrachten Dralles. Erf.: *Wolfgang Kißler*. Anm.: Glanzstoff AG, 5600 Wuppertal. A. 19. 10. 60, O. 23. 1. 69. Kl.: 29a, 6/20. A.-Z.: P 1435728.9 (V 19508). Entspr. SzP 391950, SzP 397945, u. SvP 207468.

FrP 1568036 (Aj.). Vorrichtung und Verfahren zur Erteilung von Falschdraht durch Reibung. Inh.: Franco Europeenne de Transformations Textiles S. A. A. 5. 1. 68, B. 23. 5. 69. Int. Kl.: D 02g. A.-Z.: 49500, Rhône.

JaP 4252/69. Synthetischer Faden. Inh.: Kurashiki Rayon Co. Ltd A. 28. 1. 67, B. 21. 2. 69.

USP 3425206. Gefärbte, abschnittsweise texturierte Seide. Erf.: *James R. Holton*. Inh.: Monsanto Co., St. Louis, Mo. A. 12. 8. 65, B. 4. 2. 69. Kl.: 57–140. Int. Kl.: D 02g 3/02 u. 3/36 u. D 01d 11/06. 3 Anspr. A.-Z.: 479214 (ausgesch. aus USP 3263298. A. 12. 11. 63, B. 2. 8. 66. A.-Z.: 322731). Entspr. DOS 1435589, SzP 444368 u. FrP 1419067.

DOS 1435318. Vorrichtung zum Strecken fadenförmiger Erzeugnisse sowie ein dazugehöriges Streckorgan. Erf.: *Leendert Maaskant*. Anm.: Algemene Kunstzijde Unie N. V., Arnhem (Nd). A. 6. 10. 61, O. 21. 11. 68. Kl.: 29a, 6/31. A.-Z.: P 1435318.5 (A 38503). Prior.: 7. 10. 60 (Nd; A.-Z.: 256651).

DOS 1435451 Zus. z. Anm.: 1248855. Verfahren zur Herstellung von Fasern und Fäden aus linearen Polyestern mit verbesserten Eigenschaften. Erf.: *Herbert Kurzke, Helmut Sattler* u. *Edmund Stix*. Anm.: Farbwerke Hoechst AG vorm. Meister Lucius & Brüning, 6000 Frankfurt. A. 4. 3. 61, O. 21. 11. 68. Kl.: 29a, 6/31. A.-Z.: P 1435451.9 (F 33348). Entspr. SzP 393623 u. GBP 991642.

DOS 1435577. Verfahren und Vorrichtung zum Strecken von Fasern aus Polyolefinen. Erf.: *Alberto Coen, Italo Gigli* u. *Ernesto Damiani*. Anm.: Montecatini Soc. Gen. per l'Industrie Mineraria e Chimica, Mailand (It). A. 22. 2. 64, O. 19. 12. 68. Kl.: 29a, 6/31. A.-Z.: P 1435577.2 (M 60027). Prior.: 26. 2. 63 (It; A.-Z.: 3873). Entspr. FrP 1364852, FrP 1385022 u. GBP 1042304.

DOS 1435604. Verfahren zum Warmverstrecken von Garnen oder Fäden sowie das dabei erhaltene Produkt. Erf.: *Mattheus Gerardus Remijn* u. *Jan Willem Sleutel*. Anm.: N. V. Onderzoekingsinstituut Research, Arnhem (Nd). A. 16. 12. 63, O. 18. 12. 68. Kl.: 29a, 6/31. A.-Z.: P 1435604.8 (N 24163). Prior.: 18. 12. 62 (Nd; A.-Z.: 386925).

JaP 2514/69. Faden aus thermoplastischem Material. Inh.: Teijin Ltd. A. 10. 2. 67, B. 3. 2. 69. Kl.: 42E. A.-Z.: 8619/67.

JaP 7378/69. Schmelzspinnen. Inh.: Nippon Ester Co., Ltd. A. 27. 2. 67, B. 2. 4. 69. Kl.: 42A. A.-Z.: 48329/67.

DDP 66672. Verfahren zur Herstellung von faser- und fadenartigen Produkten. Erf.: *Carel Jan Breukink, Jacob Vermeulen* u. *Arend van der Zwan*, Inh.: Shell Internationale Research Maatschappij N. V., Den Haag (Nd). A. 26. 7. 67, B. 5. 5. 69. Kl.: 29a, 7. A.-Z.: AP 29a/126237. Prior.: 2. 8. 66 (Nd; A.-Z.: 6610834). Entspr. FrP 1551008 u. GBP 1123538.

Klasse 29b. Chemische Gewinnung bzw. Herstellung von Spinnfasern und Fäden sowie ihre Präparation für die textile Weiterverarbeitung

DOS 1469075. Gezwirnter Kollagenstrang und Verfahren zu seiner Herstellung. Erf.: *Joseph Nichols* u. *Thomas Lincoln Reissmann*. Anm.: Ethicon Inc., Somerville, N. J. (US). A. 18. 12. 63 O. 19. 12. 68. Kl.: 29b, 1/10. A.-Z.: P 1469075.6 (E 26060).

DOS 1469108. Verfahren zum Herstellen viskoseregenerierter Zellulosefasern. Erf.: *Toshiro Owashi, Keigo Onoe, Hiroshi Ito* u. *Atsushi Kawai*. Anm.: Mitsubishi Rayon Co. Ltd., Tokio. A. 27. 10. 61, O. 5. 12. 68. Kl.: 29b, 3/20. A.-Z.: P 1469108.8 (M 50718). Prior.: 27. 10. 60 (Ja; A.-Z.: 43459).

DOS 1469152. Naßspinnverfahren zur Herstellung von Fasern und Fäden aus Cellulosetriacetat. Erf.: *Paul Ernst* u. *Walter Fischer*. Anm.: Celanese Corp. of America, New York, N. Y. (US). A. 11. 3. 60, O. 28. 11. 68. Kl.: 29b, 3/30. A.-Z.: P 1469152.2 (W 27434). Entspr. FrP 90901 u. GBP 981418.

USP 3425788. Alkalilösliches Celluloseacetattextilmaterial und Verfahren zu dessen Herstellung. Erf.: *Victor B. Holland, Merton C. Propst jr.* u. *Harold W. Wyatt*. Inh.: Cannon Mills Co. A. 8. 10. 64, B. 4. 2. 69. Kl.: 8–129. Int. Kl.: D 06m 11/02. 4 Anspr. A.-Z.: 402642. Entspr. GBP 1048009.

JaP 2499/69. Hochkräuselbarer konjugierter Faden aus Polyamid. Inh.: Teijin Ltd. A. 2. 9. 66, B. 3. 2. 69. A.-Z.: 58001/66.

SUP 239497 (Urheberschein). Verfahren zur Herstellung von Faserstoffen auf der Basis von aromatischen Polyamiden. Erf. u. Anm.: *G. A. Kurakov, V. S. Zacharov, R. N. Gribov* u. *L. P. Grečušnikova*. A. 1. 2. 68, B. 18. 3. 69. Kl.: 29b, 3/60. A.-Z.: 1215797/23–5.

USP 3429117. Zusammengesetzte Polyamidseiden. Erf.: *David L. Sherer*. Inh.: Celanese Corp., New York, N. Y. A. 21. 9. 65, B. 25. 2. 69. Kl.: 57–140. Int. Kl.: D 02g 3/02. 5 Anspr. A.-Z.: 489016. Entspr. FrP 1494040.

DOS 1469033. Gereckte Fasern und Fäden aus hochkristallinem Polypropylen sowie Gewirke, Gewebe und Vliese daraus. E4f.: *Hans Möller, Hans Böhm* u. *Friedrich Mertes*. Anm.: Badische Anilin- & Soda-Fabrik AG, 6700 Ludwigshafen. A. 1. 6. 63, O. 21. 11. 68. Kl.: 29b, 3/65. A.-Z.: P 1469033.6 (B 72149). Entspr. FrP 1405472 u. GBP 1057538.

DOS 1469141. Verfahren zur Herstellung von Polyvinylchloridfäden oder -fasern. Erf.: *Jiro Shimeha, Shuji Ozawa, Ikuzo Tanaka* u. *Shunichi Matsumura*. Anm.: Teikoku Jinzo Kenshi Kabushiki Kaisha, Osaka (Ja). A. 30. 3. 60, O. 19. 12. 68. Kl.: 29b, 3/65. A.-Z.: P 1469141.9 (T 18160). Prior.: 31. 3. 59, 22. 4. 59, 3. 9. 59, 25. 9. 59 u. 29. 10. 59 (Ja; A.-Z.: 9859, 12941, 27976, 27977, 30678 u. 34154). Entspr. USP 3183201.

GBP 1148709. Verfahren zur Herstellung elastischer Polyurethanfäden. Inh.: Algemene Kunstzijde Unie N. V. A. 28. 3. 68, B. 16. 4. 69. Kl.: B 5.B. Int. Kl.: D 01f 7/06. A.-Z.: 15013/68. Prior.: 5. 4. 67 (Nd; A.-Z.: 6704805). Entspr. FrP 1560818.

JaP 4259/69. Polypropylen. Inh.: Asahi Chemical Ind. Co. Ltd. A. 15. 6. 66, B. 21. 2. 69.

USP 3436298. Zusammengeschmolzene Faserstoffe aus Monoolefinpolymeren und Verfahren zur Herstellung. Erf.: *George C. Oppenlander* u. *Walter W. Thomas*. Inh.: Hercules Inc. A. 28. 12. 65, B. 1. 4. 69. Kl.: 161–150. Int. Kl.: B 32g 27/02, 5/22 u. D 04h 1/04. 9 Anspr. A.-Z.: 517107.

SvP 308167. Färbbare Textilfasern, basierend auf einem schmelzspinnbaren, synthetischen Polymeren aus Polyäthylen, Polypropylen oder Polybutylen-1 und einer basischen Stickstoffverbindung des Epichlorhydrins sowie Verfahren zur Herstellung solcher Fasern. Erf.: *C. Caldo, G. Cantatore* u. *J. Wallin*. Inh.: Montecatini Edison S. p. A., Mailand, (It). A. 25. 5. 60, B. 3. 2. 69. Kl.: 29b, 3/65. Int. Kl.: D 01f 7/02. A.-Z.: 5186/60. Prior.: 26. 5. 59, 22. 10. 59, 2. 10. 59 u. 22. 2. 60 (It; A.-Z.: 8902, 22329, 23523/59, 1179/60). A.-Z.: 1179/60 vgl. auch DAS 1238214. A.-Z.: 8902 entspr. SzP 416108 u. GBP 950852. Entspr. DDP 47738 u. DOS 1469105.

JaP 4639/69. Antistatische Behandlung. Inh.: Teijin Ltd. A. 21. 2. 64, B. 25. 2. 69. A.-Z.: 22161/64.

GBP 1148466. Chirurgisches Nähmaterial und Verfahren zu dessen Herstellung. Inh.: Kurz, L. D. A. 25. 8. 66, B. 10. 4. 69. Kl.: A5.R. Int. Kl.: A 61 17/00. A.-Z.: 38098/66.

SvP 308770. Verfahren zur Herstellung von voluminösem, hochelastischem Wattierungsfasermaterial mit geringer Dichte in Form von hohlen, nach der Struktur krausen Acetatfasern mit 45 bis 55% Acetylgehalt. Erf.: *K. Kawamura*. Inh.: Toho Rayon K. K. Tokio (Ja). A. 16. 4. 63, B. 24. 2. 69. Kl.: 29b, 5/06. Int. Kl.: D 01f 3/02. A.-Z.: 4160/63. Prior.: 19. 6. 62 (Ja; A.-Z.: 24708). Entspr. DAS 1287736.

Klasse 32a, 37/00. Herstellung von Fasern oder Fäden aus flüssigem Glas, flüssigen Mineralien oder flüssiger Schlacke

SUP 241628 (Urheberschein). Schmälzmittel für die Behandlung von Glasfaserstoff während des Ziehens. Erf. u. Anm.: *Š. K. Ašratova* u. *A. F. Kamaletdinova*. A. 31. 1. 67, B. 18. 4. 69. Kl.: 32a, 37/00. A.-Z.: 1133005/29–33.

USP 3421873. Verfahren und Vorrichtung zur Herstellung eines in Abständen hohlen Glasfadens. Erf. u. Inh.: *A. Jerome Burgman*, 572 Idlewood Road, Pittsburgh, Pa. 15235 u. *Lester L. Margason*, R. R. 1, Cheswick, Pa. 15024. A. 17. 3. 66, B. 14. 1. 69. Kl.: 65–1. Int. Kl.: C 03b 37/00. 2 Anspr. A.-Z.: 535057.

SvP 308585. Vorrichtung zum Verziehen von Glas oder ähnlichem Materia l zu kontinuierlichen Fäden. Inh.: F. F., Jaray, Worcester (GB). A. 22. 10. 63, B. 17. 2. 69. Kl.: 32a, 37/08. Int. Kl.: C 03b 37/08. A.-Z.: 11591/63.

Klasse 32b, 25/00. Oberflächenbehandlung von Fasern oder Fäden aus Glas, Mineralien oder Schlacke

OeP 273877. Mittel zur Behandlung von Glasfasern. Inh.: Institut fizicheskoi khimii AN SSSR. Moskau. A. 28. 8. 67, B. 15. 12. 68. Kl.: 8f, 3. A.-Z.: 7888/67.

USP 3425862. Verfahren zur Herstellung von mit Polymeren beschichteten anorganischen Fadenmaterialien. Erf.: *William J. Eakins*. Inh.: Monsanto Co., St. Louis, Mo. A. 20. 1. 66, B. 4. 2. 69. Kl.: 117–126. Int. Kl.: C 03c 25/02. 7 Anspr. A.-Z.: 521940.

Klasse 39b. Makromolekulare Verbindungen; ihre Herstellung und chemische Verarbeitung; Massen auf der Grundlage derartiger Verbindungen

FrP 1568472. Regelungssystem für einen exothermen chemischen Prozeß. Inh.: Norsk Hydroelektrisk Kvaelstofaktieselskab. A. 10. 5. 68, B. 23. 5. 69. Int. Kl.: G 05d u. C 08f. A.-Z.: 151399. Prior.: 12. 5. 67 (No; A.-Z.: 168137).

Klasse 39b 1. Polysaccharide und deren Derivate.

DOS 1468226. Verfahren und Vorrichtung zur Herstellung von Cellulose-Derivaten. Erf.: *Hans Kaiser*. Anm.: Miltenberger Industriewerk P. & B. Weber, 8761 Bürgstadt. A. 31. 10. 62, O. 5. 12. 68. Kl.: 39b1, 1/08. A.-Z.: P 1468226.

Klasse 39b 2. Naturkautschuk und seine Derivate

DOS 1470776. Verfahren zur Verbesserung der Haftfestigkeit von natürlichem und synthetischem Kautschuk bzw. Kautschukmischungen an synthetischen Fasern. Erf.: *Kurt Grähling, Gerd Angerer* u. *Werner Gimplinger*. Anm.: Dunlop AG, 6450 Hanau. A. 17. 10. 62, O. 19. 12. 68. Kl.: 39b2, 17/16. A.-Z.: P 1470776.

DOS 1470781 Zus. z. Anm. 1470776. Verfahren zur Verbesserung der Haftfestigkeit von natürlichem und synthetischem Kautschuk bzw. solcher Kautschukmischungen an synthetischen Fasern. Erf.: *Kurt Grähling, Gerd Angerer* u. *Werner Gimplinger*. Anm.: Dunlop AG, 6450 Hanau. A. 17. 8. 63, O. 2. 1. 69. Kl.: 39b2, 17/16. A.-Z.: P 1470781.

Klasse 39b 3. Synthesekautschuk

SvP 309493. Bindemittelkomposition zum Zusammenfügen von vulkanisierbarem Gummi mit Geweben sowie Verfahren zur Herstellung von Gummiartikeln mittels der Komposition. Erf.: *G. B. Gechele* u. *S. Sorassi*. Inh.: Società Edison S. p. A., Mailand (It). A. 22. 11. 63, B. 24. 3. 69. Kl.: 39b, 5/18. Int. Kl.: C 08c 17/16. A.-Z.: 12925/63. Prior.: 23. 11. 62 (It; A.-Z.: 29257).

USP 3431161. Verfahren zum Binden synthetischer Fasermaterialien an Kautschuke. Erf.: *Bernardino Vecellio*. Inh.: Pirelli S. p. A., Mailand (It). A. 4. 3. 64, B. 4. 3. 69. Kl.: 156–330, Int. Kl.: C 09j 5/02. 24 Anspr. A.-Z.: 349470. Prior.: 12. 3. 63 (It; A.-Z.: 5170/63).

Klasse 39b 4. Polymerisationsprodukte

OeP 274341. Verfahren zur Herstellung eines in organischen Lösungsmitteln löslichen, partiell oxydierten Kohlenwasserstoff-Interpolymeren. Erf.: *Marco Wismer* u. *Paul J. Prucnal*. Inh.: PPG Industries, Inc., Pittsburgh (US). A. 20. 10. 66, B. 15. 12. 68. Kl.: 39b, 12. A.-Z.: 9784/66. Prior.: 22. 10. 65 (US).

OeP 274342. Verfahren zur Herstellung von Blockpolymeren. Inh.: Avisun Corp., Philadelphia (US). A. 2. 2. 67, B. 15. 12. 68. Kl.: 39b, 12. A.-Z.: 985/67. Prior.: 23. 2. 66 (US).

FrP 1566383. Verfahren zur Herstellung von Peroxydierungsprodukten von Diacetonalkohol. Inh.: Koninklijke Industrieele Maatschappij Noury & van der Lande N. V. A. 19. 2. 68, B. 9. 5. 69. Int. Kl.: C 07c u. C 08f. A.-Z.: 140340. Prior.: 21. 2. 67 (Nd; A.-Z.: 6702570).

FrP 1567480. Verbesserungen an aus ungesättigten, flüssigen Monomeren erhaltenen, in Wasser im wesentlichen unlöslichen Polymeren und ein Verfahren zur Herstellung dieser Polymeren. Erf.: *A. R. Nelson* u. *V. D. Floria*. Inh.: The Dow Chemical Co. A. 21. 5. 68, B. 16. 5. 69. Int. Kl.: C 08f. A.-Z.: 152585.

FrP 1568481. Verfahren zur Herstellung neuer Organosole. Inh.: Kunstharsfabriek Synthese N. V. A. 17. 5. 68, B. 23. 5. 69. Int. Kl.: C 08f. A.-Z.: 152390. Prior.: 18. 5. 67 (Nd; A.-Z.: 6706872).

SUP 242378 (Urheberschein). Verfahren zur Herstellung von gefärbten Copolymeren. Erf. u. Anm.: *G. S. Dedovec*. A. 10. 10. 67, B. 25. 4. 69. Kl.: 39b4. A.-Z.: 1189258/23–5.

GBP 1147774. Polymerisationsreaktor für gasförmiges Äthylen. Inh.: Società Italiana Resine S. p. A. A. 8. 7. 66, B. 10. 4. 69. Kl.: C 3.P. Int. Kl.: C 08f 1/06. A.-Z.: 30791/66. Prior.: 9. 7. 65 (It; A.-Z.: 15509). Entspr. FrP 1526856.

SvP 307673. Verfahren zum Polymerisieren von β-Lactamen in Suspension in Paraffinöl. Erf.: *W. M. Wagner* u. *A. Klootwijk*. Inh.: Shell Internationale Research Mij N. V., Haag (Nd). A. 5. 9. 66, B. 13. 1. 69. Kl.: 39c, 16. Int. Kl.: C 08f 1/14. A.-Z.: 11901/66. Prior.: 7. 9. 65 (Nd; A.-Z.: 6511630). Entspr. FrP 1491780 u. GBP 1090527.

FrP 1568086. Verfahren zur Polymerisation von wasserlöslichen Monomeren. Erf.: *M. Begheceanu, A. Belea* u. *H. Schneider*. Inh.: Ministerul Industriei Chimice. A. 29. 1. 68, B. 23. 5. 69. Int. Kl.: C 08f. A.-Z.: 137778. Prior.: 3. 2. 67 (Ru; A.-Z.: 53030).

GBP 1152192. Verfahren zur Herstellung von katalytisch aktivem $TiCl_3$. Inh.: Società Italiana Resine S. p. A. A. 20. 7. 66. B. 14. 5. 69. Kl.: C 1.A. Int. Kl.: C 01g 23/02. A.-Z.: 32530/66. Prior.: 23. 7. 65 (It; A.-Z.: 16700). Entspr. FrP 1493765.

USP 3429864. Äthylenpolymerisation unter Anwendung eines aus einem Gemisch von Verbindungen Seltener Erden bestehenden Katalysators. Erf.: *Paul R. Stapp*. Inh.: Phillips Petroleum Co. A. 21. 12. 64, B. 25. 2. 69. Kl.: 260–94,9. Int. Kl.: C 08f 1/34. 3/06 u. B 01j 11/64. 13 Anspr. A.-Z.: 420176.

USP 3426089. Polymerisationsverfahren. Erf.: *Armand J. de Rosset*. Inh.: Universal Oil Products Co., Des Plaines, Ill. A. 30. 8. 66, B. 4. 2. 69. Kl.: 260–666. Int. Kl.: C 08f 1/72, 5/00 u. 3/14. 8 Anspr. A.-Z.: 575987.

DOS 1445229. Verfahren zum Befreien des bei der Hochdruckpolymerisation von Äthylen in Gegenwart von Lösungsmitteln entstehenden Polyäthylens und des Niederdruckkreisgases von Lösungsmitteln. Erf.: *Hans Eilbracht, Helmut Pfannmüller, Rudi-Heinz Rotzoll, Friedrich Urban* u. *Wieland Zacher*. Anm.: Badische Anilin- & Soda-Fabrik AG, 6700 Ludwigshafen. A. 6. 12. 60, O. 12. 12. 68. Kl.: 39b4, 1/88. A.-Z.: P 1445229.

JaP 2227/69. Verfahren zum Beenden der Aktivierung durch Restkatalysator. Inh.: Rexall Drug and Chem. Co. A. 3. 8. 66, B. 30. 1. 69. Kl.: 26B. A.-Z.: 50617/66.

DOS 1495278. Verfahren zum Aufarbeiten von Niederdruckpolyolefin-Dispersionen. Erf.: *Oswald Wolff, Albert Frese* u. *Hanns Strache*. Anm.: Chemische Werke Hüls AG, 4370 Marl. A. 19. 1. 63, O. 2. 1. 69. Kl.: 39b4, 1/97. A.-Z.: P 1495278.4 (C 28946).

DOS 1420744. Polymerisationskatalysatoren und Verfahren zur Polymerisation und Mischpolymerisation unter Verwendung dieser Katalysatoren. Erf.: *Georges Pirlot, Félix Bloyaert* u. *Nestor Denet*. Anm.: Solvay & Cie., Brüssel. A. 4. 5. 57, O. 28. 11. 68. Kl.: 39b4, 3/02. A.-Z.: P 1420744. Prior.: 7. 5. 56 u. 29. 12. 56 (Be; A.-Z.: 547618 u. 553839).

DOS 1420751. Verfahren zum Herstellen von Polymeren. Erf.: *Shinjiro Kodama, Kenichi Fukui, Sachio Yuasa, Takeo Shimizu, Tsutomu Kagiya,*

Sueo Machi, Minoru Hirata u. *Tetsuya Yagi*. Anm.: Sumitomo Chemical Co. Ltd., Osaka (Ja). A. 5. 9. 58, O. 14. 11. 68. Kl.: 39b4, 3/02. A.-Z.: P 1420751. Prior.: 9. 9. 57, 18. 12. 57. 21. 12. 57 u. 23. 12. 57 (Ja; A.-Z.: 22342, 31530, 31541, 32038 u. 32131). Entspr. USP 3170900.

USP Re 26517. Neuaufl. USP 3014016 (A.-Z.: 611981. A. 25. 9. 56, B. 19. 12. 61). Zus. z. Neuaufl. m. A.-Z.: 215763. A. 30. 7. 62. Verfahren zur Polymerisation bestimmter ungesättigter Verbindungen in der Dampfphase und in Kontakt mit einem stereospezifischen Katalysator. Erf.: *Giulio Natta, Piero Pino* u. *Giorgio Mazzanti*. Inh.: Montecatini Edison S. p. A., Mailand (It). A. 16. 6. 67, B. 14. 1. 69. Kl.: 260–93,7. Int. Kl.: C 08f 1/42 u. C 08f 3/10. 14 Anspr. A.-Z.: 647299. Prior.: 26. 9. 55 (It; A.-Z.: 13629/55).

DOS 1520302. Verfahren zur Herstellung von Polymeren von ungesättigten Kohlenwasserstoffen. Erf.: *Giulio Natta, Giorgio Mazzanti, Alberto Valvassori* u. *Guido Sartori*. Anm.: Montecatini Soc. Gen. per l'Industria Mineraria e Chimica, Mailand (It). A. 21. 5. 63, O. 16. 1. 69. Kl.: 39b,4, 3/02 (39b4, 15/04, 15/40, 17/00, 19/00). A.-Z.: P 1520302.8 (M 56904). Prior.: 22. 5. 62 (It; A.-Z.: 10271). FrP 1357988, GBP 1005282 u. USP 3340240.

OeP 274343. Verfahren zur Herstellung von hochmolekularen Äthylen-Buten-(1)-Mischpolymerisaten. Inh.: Farbwerke Hoechst AG vorm. Meister Lucius & Brüning, Frankfurt/M. A. 2. 3. 67, B. 15. 12. 68. Kl.: 39b, 12. A.-Z.: 2007/67. Prior.: 4. 3. 66 (DB).

OeP 274346. Verfahren zur Polymerisation von Olefinen. Inh.: Solvay & Cie. Brüssel. A. 25. 4. 67, B. 15. 12. 68. Kl.: 39b, 12. A.-Z.: 3925/67. Prior.: 26. 4. 66 (Nd).

USP 3431249. Gewinnung von α-Olefinpolymeren aus Lösung. Erf.: *Byron B. Bohrer* u. *Stewart S. Kurtz jr.* Inh.: Avisun Corp., Philadelphia, Pa. A. 20. 4. 66, B. 4. 3. 69. Kl.: 260–93,7. Int. Kl.: C 08f 3/02. 6 Anspr. A.-Z.: 544027.

OeP 274345. Verfahren zur Herstellung von Äthylen mit anderen polymerisierbaren Verbindungen in röhrenförmigen Reaktoren. Inh.: VEB Leuna-Werke „Walter Ulbricht", Leuna (DD). A. 3. 4. 67, B. 15. 12. 68. Kl.: 39b, 12. A.-Z.: 3189/67.

SUP 239555 (Urheberschein). Verfahren zur Herstellung von Polyäthylen. Erf. u. Anm.: *G. P. Belov, A. P. Lisickaja* u. *N. M. Čirkov*. A. 22. 1. 68, B. 18. 3. 69. Kl.: 39b4. 3/04. A.-Z.: 1213114/23–5.

DOS 1420566. Verfahren zur Polymerisation von Äthylen. Erf.: *Ewald Dietzel* u. *Gerhard Preußer*. Anm.: Mannesmann AG, 4000 Düsseldorf. A. 31. 12. 56, O. 12. 12. 68. Kl.: 39b4, 3/06. A.-Z.: P 1420566.

DOS 1420582. Verfahren zur Polymerisation von Propylen zu linearen hochmolekularen Polymeren. Erf.: *Giulio Natta, Giorgio Mazzanti* u. *Piero Pino*. Anm.: Montecatini Soc. Gen. per l'Industria Mineraria e Chimica, Mailand (It) u. Ziegler Karl, 4330 Mühlheim. A. 26. 2. 58, O. 5. 12. 68. Kl.: 39b4, 3/10. A.-Z.: P 1420582. Prior.: 28.2 . 57 (It; A.-Z.: 3118).

FrP 1566523. Verfahren zur Herstellung fluorhaltiger Polymerer. Inh.: The Dow Chemical Co. A. 13. 3. 68, B. 9. 5. 69. Int. Kl.: C 08f. A.-Z.: 143500.

GBP 1149961. Polymerisationsverfahren unter Verwendung von Metallcarbonyl-Katalysatoren. Inh.: Imperial Chemical Industries Ltd. A. 6. 7. 65, B. 16. 4. 69. Kl.: C3.P. Int. Kl.: C 08f 1/58. A.-Z.: 28576/65.

JaP 1547/69. Fluorhaltige Polymere. Inh.: Daikin Kogyo Co., Ltd. A. 22. 12. 65, B. 23. 1. 69.

USP 3420807 Zus. z. Pat. m. A.-Z.: 187920. A. 16. 4. 62. Polymerisation von Vinylchlorid. Erf.: *James B. Harrison, Orville L. Mageli* u. *Arthur I. Lowell*. Inh.: Wallace & Tiernan Inc., Newark, N. J. A. 19. 12. 66, B. 7. 1. 69. Kl.: 270–92,8. Int. Kl.: C 08f 3/52, C 08f 3/56 u. C 08f 3/22. 7 Anspr. A.-Z.: 603048. A.-Z.: 187920 entspr. GBP 983808.

OeP 274352. Verfahren zur kontinuierlichen Herstellung von Vinylchloridpolymeren. Erf.: *Giancarlo Borsini, Francesco Visani, Luciano Lodi* u. *Luigi C. Magagnin*. Inh.: Società Edison, Mailand. A. 10. 6. 66, B. 15. 12. 68. Kl.: 39b, 14. A.-Z.: 5548/66. Prior.: 14. 6. 65 (It).

JaP 5873/69. Vinylchlorid. Inh.: Seikisui Chemical Industry Co. Ltd. A. 28. 4. 65, B. 12. 3. 69.

SvP 307856. Verfahren zum Polymerisieren von Vinylchlorid in wäßriger Suspension zum Polymerkorn mit erhöhter Porosität sowie derartig hergestelltes Polyvinylchlorid. Erf.: *A. Mathieu*. Inh.: Solvay & Cie., Brüssel (Be). A. 3. 9. 65, B. 20. 1. 69. Kl.: 39c, 25/01. Int. Kl.: C 08f 3/30. A.-Z.: 11529/65. Prior.: 9. 9. 64 (Be; A.-Z.: 652831). Entspr. GBP 1043950.

SUP 242379 (Urheberschein). Verfahren zur Herstellung von Polymeren. Erf.: *M. F. Šostakovskij, Ju. G. Krjazev* u. *T. G. Čistjakova*. Anm.: Irkutskij institut organiceskoj chimii sibirskogo otdelenija AN SSSR. A. 14. 6. 66, B. 25. 4. 69. Kl.: 39b4, 3/44. A.-Z.: 1083575/23–5.

OeP 274360. Verfahren zur Herstellung von Polymaleinsäureanhydrid. Inh.: The Procter & Gamble Co., Cincinnati (US). A. 10. 4. 67, B. 15. 12. 68. Kl.: 39b, 14. A.-Z.: 3393/67.

DOS 1495516. Verfahren zur Substanzpolymerisation von Estern der Methacrylsäure. Erf.: *Erich Bäder* u. *Gerhard Morlock*. Anm.: Deutsche Gold- u. Silber-Scheideanstalt vorm. Roessler, 6000 Frankfurt. A. 18. 4. 64, O. 16. 1. 69. Kl.: 39b4, 3/66. A.-Z.: P. 1495516.9 (D 44196). Entspr. FrP 1430658.

FrP 1566865. Acrylnitril-Pfropfcopolymere. Inh.: Farbenfabriken Bayer AG. A. 24. 4. 68, B. 9. 5. 69. Int. Kl.: C 08f. A.-Z.: 149268. Prior.: 24. 4. 67 u. 24. 10. 67 (DB; A.-Z.: F 52225).

JaP 2231/69. Kontinuierliche Polymerisation von Acrylnitril. Inh.: Toho Beslon Co., Ltd. A. 9. 12. 64, B. 30. 1. 69. A.-Z.: 68800/64. Entspr. GBP 1120645.

FrP 1568108 (Aj.). Als Gelbildner angewandte Copolymere mit einer Hauptkette aus Kohlenstoff und Stickstoff. Inh.: Allied Chemical Corp. A. 6. 2. 68, B. 23. 5. 69. Int. Kl.: C 08f. A.-Z.: 138909.

DOS 1420339. Verfahren zur Polymerisation von alkenylaromatischen Monomeren. Erf.: *Robert Lane Zimmermann* u. *Griffin Denison Jones*. Anm.: Dow Chemical Co., Midland, Mich. (US). A. 8. 9. 59, O. 19. 12. 68. Kl.: 39b4, 7/04. A.-Z.: P 1420339. Prior.: 8. 9. 58 u. 15. 9. 58 (US; A.-Z.: 759417 u. 760837. A.-Z.: 759417: USP 3162696 u. A.-Z.: 760837: USP 3316222.

FrP 1568672. Copolymere aus sekundären N-Vinylamiden von Carbonsäuren und olefinisch ungesättigten Verbindungen. Inh.: Farbenfabriken Bayer AG. A. 14. 6. 68, B. 23. 5. 69. Int. Kl.: C 08f. A.-Z.: 155027. Prior.: 15. 6. 67 u. 13. 11. 67 (DB; A.-Z.: F 52696).

JaP 2474/69. Herstellung von Vinylchlorid/Äthylen-Copolymeren. Inh.: Ethyl Corp. A. 2. 6. 65, B. 1. 2. 69. Kl.: 26B. A.-Z.: 32235/65.

DOS 1520249. Neue hochmolekulare lineare Copolymere und Verfahren zu ihrer Herstellung. Erf.: *Giulio Natta Gino Dall'Asta, Giorgio Mazzanti, Italo Pasquon, Alberto Valvassori* u. *Adolfo Zambelli*. Anm.: Montecatini Soc. Gen. per l'Industria Mineraria e Chimica, Mailand (It). A. 20. 3. 62, O. 23. 1. 69. Kl.: 39b4, 15/04 (29b4, 19/00, 37/00, 41/00). A.-Z.: P 1520 249.0 (M 52189). Prior.: 21. 3. 61 (It; A.-Z.: 5222). Entspr. SzP 431085 u. USP 3250755.

SUP 242380 (Urheberschein). Verfahren zur automatischen Regulierung eines kontinuierlichen Copolymerisationsvorganges. Erf.: *D. Ju. Brodov, E. Ch. Kapralov, K. V. Kisin, K. U. Neruš, B. A. Perlin* u. *N. S. El'man*. Anm.: Vsesonuznyj naučno-issledovatel'skij institut sintetičeskogo kaučuka im. Akad. S. V. Lebedeva. A. 24. 4. 67, B. 25. 4. 69. Kl.: 39b4, 15/04. A.-Z.: 1151323/23–5.

Literaturschau

Auszug aus Lieferung 19 und 20/1969 der Referatekartei „Faserstoffe und Textiltechnik"[1], *zusammengestellt von der Abteilung Wissenschaftliches Berichtswesen des Instituts für Faserstoff-Forschung der DAW, 153 Teltow-Seehof, Kantstr. 55*

I. Wissenschaftliche Grundlagen

Allgemeines

(Untersuchungsmethoden u. a.)

Watson, J. D.: Die Messung des Frequenzganges in der Rheologie mittels sinusförmiger Testfunktionen. Rheologica Acta, Darmstadt **8** (1969) 2, S. 201–205. (engl.).

Aris, R.: Mathematische Aspekte chemischer Reaktionen. IEC. Ind. engng. Chem./Proc. Design Development **61** (1969) 6, S. 17–29.

Rodgetts, G. B., Norman, D. E.: Ein Laborviskosimeter für die Bestimmung der Gelbildungszeit. Rheologica Acta, Darmstadt 8 (1969) 2, S. 246 (engl.).

Abbrent, M., Sojka, B., Pekárek, V., Valeš, P., Veselý, V.: Isothermes Differentialkalorimeter. Chem. Listy, Praha (Chem. Bl.) **63** (1969) 9, S. 1042–1047.

Lucchesi, C. A., Chasar, A. G., Florky, G. R.: Titration von Titan und Aluminium in Ziegler/Natta-Katalysatoren mittels Äthylendiamintetraessigsäure. Analyst **94** (1969) 1121, S. 695–698.

Spence, J. A.: Ein Gerät für die Messung der Schubkraft einer Düse. Rheologica Acta, Darmstadt 8 (1969) 2, S. 173–175 (engl.).

Physik und Chemie der Hochpolymeren

Vonskij, E. V.: Enzyklopädie der Polymeren. Izv. vysšich uč. Zav. Technol. legkoj Prom. (Hochschulnachr. Technol. Leichtind.) (1969) 3, S. 144.

[1] Die Referatekartei „Faserstoffe und Textiltechnik" ist zu beziehen vom Zentralinstitut für Information und Dokumentation, Abt. Druck und Vertrieb, 108 Berlin, Unter den Linden 8. Sie wird gemeinsam bearbeitet von der Dokumentationsstelle im Institut für Faserstoff-Forschung der DAW, 153 Teltow-Seehof, Kantstr. 55, im Forschungsinstitut für Textiltechnologie, 906 Karl-Marx-Stadt, Annaberger Str. 240 und im Institut für Textiltechnologie der Chemiefasern, 6822 Rudolstadt.

Mills, N. J.: Ein maßstäblich verkleinertes Kapillarviskosimeter für polymere Schmelzen. Rheologica Acta, Darmstadt **8** (1969) 2, S. 226–229 (engl.).

Quackenbos, H. M.: Praktische Anwendung der Viskositätszahl für Polyäthylen. J. appl. Polymer Sci. **13** (1969) 2, S. 341–351.

Hartley, G., Moore, W. R., Pearson, G. P.: Eichung und Anwendung des Epprecht Rheomat. Rheologica Acta, Darmstadt **8** (1969) 2, S. 184 bis 187.

Bugdahl, V.: Über Diffusions-Messungen an Lösungen von Hochpolymeren mit einem Interferometer. Kautschuk, Gummi, Kunststoffe **22** (1969) 9, S. 486–488.

Combs, R. L., Slonaker, D. F., Coover, H. W.: Einfluß der relativen Molekülmasse und der Verzweigung auf die rheologischen Eigenschaften von Polyolefinschmelzen. J. appl. Polymer Sci. **13** (1969) 3, S. 519–534.

Wigand, G., Veith, H.-J.: Über die Bestimmung des Brechungsindex von Polymeren aus Messungen ihres Brechungsinkrements. Plaste u. Kautschuk **16** (1969) 9, S. 671–675.

Hudeček, S., Pelzbauer, Z.: Mikroskopisches Verfahren zur Bestimmung der Quellung von Polymeren. Coll. czechoslov. chem. Commun. **34** (1969) 1, S. 349–353.

Vassil'ev, R. F.: Über den Mechanismus der Chemilumineszenz bei der Oxydation von organischen Verbindungen und Polymeren. Makromol. Chemie **126** (1969) S. 231–238 (engl.).

Wada, A., Suda, N., Tsuda, T., Soda, K.: Verbreiterung von Rayleigh-Linien durch Rotationsdiffusion bei der Streuung an anisotropen Makromolekülen in Lösung. J. chem. Physics **50** (1969) 1, S. 31–35.

Kusumoto, N.: ESR-Untersuchungen von Polypropylen mit unterschiedlicher Stereospezifität. J. Polymer Sci., C: Polymer Symposia (1969) 23, Teil 2, S. 837–853.

Porter, John J., Spanninger, Philip, A.: Eine Entdeckung der Herstellung und der Reaktionen von Trans-3,4-dihydroxycyclohexyl-Methylalkohol als eine Cellulose-Modellverbindung. Textile Res. J. **39** (1969) 7, S. 638 bis 647.

Lundberg, J. L.: Lichtstreuung an breiten Faserstoffen bei normalem Einfallswinkel. J. colloid interface Sci. **29** (1969) 3, S. 565–583.

Watanabe, S., Takai, M., Hayashi, J.: Eine röntgenographische Untersuchung von Cellulosetriacetat. J. Polymer Sci., C: Polymer Symposia (1968) 23, Teil 2, S. 825–835.

Blackadder, D. A., Roberts, T. L.: Neues Strukturmodell von Molekülfalten-Oberflächen bei Po yäthyleneinkristallen. Makromol. Chemie **126** (1969) S. 116–129 (engl.).

Riva, F., Focher, B.: Bestimmung des Kristallinitätsgrades der Cellulose durch Röntgenstrahlendiffraktion: Einfluß einiger Variabler. Ricerca Doc. tessile ,Milano (Textilforsch. u. -dok.) 6 (1969) 1, S. 18–23.

Krigbaum, W. R., Adachi, T., Dawkins, J. V.: Verteilung der Kristallitorientierung in biaxial orientiertem Polyäthylen. J. chem. Physics **49** (1968) 4, S. 1532–1542.

Markert, G.: Die chemische Heterogenität von Copolymerisaten. 5. Sequenzlängenverteilung. Makromol. Chemie **126** (1969) S. 166–172.

Frosini, V., Woodward, A. E.: Einfluß der Orientierung auf das dynamische Scherungsverhalten einiger amorpher Polymerer zwischen 4,2 und 300°K. J. Polymer Sci., A–2: Polymer Physics **7** (1969) 3, S. 525–536.

Prichod'ko, O. G., Trofimovič, A. N., Fomičev, I. A., Kuznecov, G. A., Gerasimov, V. D., Fomenko, L. N., Sokolov, L. B.: Mechanische Eigenschaften von amorphem und kristallinem Fenilon. Plast. Massy, Moskva (Plast. Massen) (1969) 7, S. 54–55.

Aoki, Y.: Die Bedeutung der Kristallinität von Polymeren bei der Adhäsion zwischen chloriertem isotaktischem Polypropylen und isotaktischem Polypropylen. J. Polymer Sci., C: Polymer Symposia (1968) 23, Teil 2, S. 855–864.

Beech, D. R., Booth, C.: Ungestörte Abmessungen von Polyäthylenoxid. J. Polymer Sci., A–2: Polymer Physics **7** (1969) 3, S. 575–586.

Kelley, R. N., Statton, W. O.: Gesichtspunkte der Orientierung während der Verformung von Polyamid-Fasern. Textile Res. J. **39** (1969) 7, S. 662–666.

Pajgrt, O., Kalouskova, V.: Über Zusammenhänge zwischen den physikalisch-chemischen Bindungen und den Eigenschaften von Polyesterfasern. Chemiefasern **19** (1969) 9, S. 686–693.

Struik, L. C. E., Schwarzl, F. R.: Gegenseitige Umrechnung der durch statische und dynamische Messungen gewonnenen Grundfunktionen für die viskoelastischen Eigenschaften. Rheologica Acta, Darmstadt **8** (1969) 2, S. 134–141. (engl.).

Kataoka, T., Shigeyuki, U.: Untersuchung der Fließeigenschaften von Polyäthylen und Polyamid 6 mittels eines Schraubenextruders. Kogyo Gijutsuin Sen'i Kogyo Shikensho Kenkyo Hokoku, Yokohama (Bull. Textile Res. Inst. jap. Government) (1968) 85(11), S. 1–8.

Joshi, M. V., Rao, H. S.: Messung der Normalspannungen bei einfacher Scherungsströmung einer Ellis-Flüssigkeit. J. appl. Polymer Sci. **13** (1969) 2, S. 393–394.

Mineshita, T., Watanabe, T., Ono, S.: Untersuchung des Wandeffektes beim Fließen von Polymerlösungen in Kapillaren. J. Polymer Sci., C: Polymer Symposia (1968) 23, Teil 2, S. 533–542.

Hatakeyama, T., Ogawa, S.: Viskoelastisches und thermisches Verhalten von Polystyrol in der Nähe der Einfriertemperatur. Kogyo Gijutsuin Sen'i Kogyo Shikensho Kenkyo Hokoku, Yokohama (Bull. Textile Res. Inst. jap. Government) (1968) 85(11), S. 37–45 (jap.; engl. Zusammenfass.).

Raspopov, L. N., Musaeljan, I. N., Čirkov, N. N.: Eigenschaften von in Gegenwart eines löslichen katalytischen Systems hergestellten Polyäthylen. Plast. Massy, Moskva (Plast. Massen) (1969) 7, S. 56–57.

Franklin, W. E., Mack, C. H., Rowland, S. P.: Kinetik der umgekehrten Diels/Alder-Reaktion von Dicyclopentadiencarboxylatgruppen an Baumwollcellulose. J. Polymer Sci., A–1: Polymer Chem. **7** (1969) 4, S. 1169 bis 1178.

Balzerzyk, E., Kozlowski, W., Wlodarski, G.: Die Thermokinetik einer Durchdringung von Cellulosefasern mit physikalisch und chemisch reagierenden Flüssigkeiten und die Struktur der erreichbaren Bezirke. Textile Res. J. **39** (1969) 7, S. 666–677.

Morbitzer, L., Bonart, R.: Zur Dehnungskalorimetrie von segmentierten Polyurethan-Elastomeren. Kolloid-Z. u. Z. Polymere **232** (1969) 2, S. 764–772.

Applequist, J.: Phasenumwandlungen höherer Ordnung bei Doppelstrangmakromolekülen. J. chem. Physics **50** (1969) 2, S. 600–609.

Kanetsuna, H., Kurita, T., Maeda, K.: Thermoanalyse von Hochpolymeren. Teil 4. Untersuchungen zur Wirkung der thermischen Vorgeschichte und des Verstreckens von Polyamid 6 mittels Differentialthermoanalyse. Kogyo Gijutsuin Sen'i Kogyo Shikensho Kenkyo Hokoku, Yokohama (Bull. Textile Res. Inst. jap. Government) (1968) 85(11), S. 22–28 (jap.; engl. Zusammenfass.).

Benderly, A. A., Bernstein, B. S.: Strahlungsvernetztes Polypropylen. Physikalische und dielektrische Eigenschaften. J. appl. Polymer Sci. **13** (1969) 3, S. 505–517.

Zundel, G.: Hydratstruktur und zwischenmolekulare Wechselwirkung in Polyelektrolyten. Angew. Chemie **71** (1969) 14, S. 507–518.

Huang, R. Y. M., Jenkins, R. G.: Untersuchungen zur Verteilung der relativen Molekülmassen in Holzcellulose mittels Gelchromatographie. Tappi, New York **52** (1969) 8, S. 1503–1507.

Gembickij, L. S., Uglanova, G. G.: Turbidimetrische Bestimmung der Verteilung der relativen Molekülmassen im Polyacrylnitril. Chim. Volokna (Chem. Fasern) (1969) 4, S. 74–75.

Kaczaj, J., Trickey, R.: Multiples isothermes Abbauverfahren zur Bestimmung des gebundenen Vinylacetats in Vinylacetat/Äthylen-Copolymeren. Analytic. Chem. **41** (1969) 11, S. 1511–1512.

Hedvig, P.: Untersuchung des strahlungschemischen Abbaues von Polytetrafluoräthylen durch Elektronenspinresonanz. J. Polymer Sci., A–1: Polymer Chem. **7** (1969) 4, S. 1145–1152.

Kwei, Kwei-Ping Shen: Photooxydation von Polyvinylchlorid. J. Polymer Sci., A–1: Polymer Chem. **7** (1969) 4, S. 1075–1088.

Overberger, C. G., Takekoshi, T.: Kohlenhydratreste enthaltende Polymere. J. Polymer Sci., A–1: Polymer Chem. **7** (1969) 4, S. 1011–1022.

Tjažlo, N. I., Nikolaev, A. F., Piastro, O. V., Gronskij, V. F., Stepanov, V. A., Korsakov, V. G., Lavrova, N. V., Kožurova, T. S., Alešin, V. I.: Polyvinylketal auf der Basis von Polyvinylalkohol und Cyclohexanon. Plast. Massy, Moskva (Plast. Massen) (1969) 7, S. 9–11.

Kangle, P. J., Nabar, G. M.: Untersuchungen an chemisch modifizierter Cellulose. I. Oxydationsempfindlichkeit von chemisch modifizierter Cellulose. J. appl. Polymer Sci. **13** (1969) 2, S. 323–336.

Doncova, E. P., Snežko, A. G., Sretozarskij, S. V., Janovskij, D. M., Gul', V. E.: Folien aus Latices von Vinylchlorid/Vinylidenchlorid-Copolymeren Plast. Massy, Moskva (Plast. Massen) (1969) 7, S. 52–54.

Baker, R. W.: Methoden zur Fraktionierung von Polymeren durch Ultrafiltration. J. appl. Polymer Sci. **13** (1969) 2, S. 369–376.

Wilske, J., Heusinger, H.: Energieübertragung und Bildung von strahlungschemischen Abbauprodukten im System Polystyrol-Pyren. J. Polymer Sci. A–1: Polymer Chem. 7 (1969) 4, S. 995–1010.

Lukanjuk, Ja. S., Ševčenko, A. S., Judin, A. V.: Einige Eigenschaften von Lösungen aus einem Gemisch von Polyacrylnitril und Polyvinylalkohol in Dimethylsulfoxid. Izv. vysšich uč. Zav. Technol. legkoj Prom. (Hochschulnachr. Technol. Leichtind.) (1969) 4, S. 60–64.

Nicolau, G., Albu, C., Balaita, C.: Einschlußverbindungen der Cellulose mit aromatischen Kohlenwasserstoffen. Rev. Chemie, Bucureşti **20** (1969) 7, S. 400.

Michajlov, N. V., Šaraj, G. A.: Über den kolloidalen Zustand von Polymeren mit starrer Kette und die Anwendungsmöglichkeiten ihrer wäßrigen Suspensionen für die Modifizierung von Chemiefaserstoffen, Folien und anderen Polymermaterialien. Chim. Volokna (Chem. Fasern) (1969) 4, S. 32–35.

Sabinin, V. E., Babur, G. V., Šarikov, Ju. V.: Kinetische Untersuchung der Hydrolyse von Cellulosetriacetat in essigsaurem Medium. Ž. prikl. Chimii (Z. angew. Chemie) **42** (1969) 7, S. 1638–1643.

Physik und Chemie der Monomeren und Oligomeren

Seeboth, H., Rieche, A.: Zur katalytischen Bildung von Nitrilen aus Kohlenwasserstoffen, Ammoniak und Luft in der Gasphase (Ammoxydation); zum Reaktionsverlauf der Ammoxydation. Z. Chemie **9** (1969) 8, S. 295–299.

Krongauz, E. S., Berlin, A. M.: Bis(β-diketone). Usp. Chimii (Fortschr. d. Chemie) **38** (1969) 8, S. 1479–1503.

Schneider, P.: Abtrennung von Kaliumhydrogenterephthalat aus einer Lösung von Kaliumterephthalat mittels Kohlendioxid. Chem. Prům., Praha (Chem. Ind.) **19(44)** (1969) 7, S. 318–323.

Qureshi, M., Qureshi, S. Z., Zehra, N.: Ionenaustauscherverfahren zum Nachweis von Nitrilen. Anal. chim. Acta, Amsterdam **47** (1969) 1, S. 169 bis 171.

Höft, E., Rieche, A., Schön, W.: Über die Darstellung von 1, 2, 4, 5-Tetroxan-Derivaten aus ε-Caprolactam-hydroperoxid. Liebigs Ann. Chemie **725** (1969), S. 241–244.

Beránek, L., Bazant, V.: Berechnung der Gleichgewichtskonstanten für die Substitution von Terephthalsäure in ihren Kaliumsalzen durch einige schwache Säuren. Chem. Prům., Praha (Chem. Ind.) **19(44)** (1969) 8, S. 355–359.

Polymerisation

Ohnishi, T., Tabata, Y.: Untersuchung der Verteilung der relativen Molekülmassen bei der strahlungsinduzierten Polymerisation in fester Phase. II. Kobunshi Kagaku, Tokyo (Chem. High Polymers) **26** (1969) 290, S. 385–392 (jap.; engl. Zusammenfass.).

Szabo, T. T., Leathrum, J. F.: Analyse von Polykondensationsreaktoren. I. Kinetisches Modell. II. Diskontinuierliche Reaktoren. J. appl. Polymer Sci. **13** (1969) 3, S. 477–486; 487–491.

Vasiliu-Oprea, C., Neguleanu, C., Simionescu, C.: Mechanochemische Synthesen durch Polykondensation mit Polyestern als Grundsubstanz. 1. Mechanochemische Polykondensation von Polyäthylenterephthalat mit Äthylendiamin. Makromol. Chemie **126** (1969) S. 217–230.

Iwakura, Y., Imai, Y.: Pfropfcopolymerisation auf Proteine nach dem Cerionenverfahren. II. Pfropfen auf Bovinserum-Albumin. J. Polymer Sci., C: Polymer Symposia (1968) 23, Teil 2, S. 461–467.

Furukawa, J., Kumata, Y., Yamada, K., Fueno, T.: Die Diäthylzink-L/α-Aminosäure-Systeme als Katalysatoren für die asymmetrisch-selektive Polymerisation von Propylenoxid. J. Polymer Sci., C: Polymer Symposia (1968) 23, Teil 2, S. 711–719.

Okada, M., Yamashita, Y.: Kationische Copolymerisation cyclischer Formale mit Vinyläthern. Makromol. Chemie **126** (1969) S. 266–275 (engl.).

Takahashi, H., Hasegawa, M., Okada, A.: Neue Polymere von Dihydrazinderivaten. J. Polymer Sci., C: Polymer Symposia (1968) 23, Teil 2, S. 671–682.

Sonnenfeld, R. J., Kahle, G. R., Buck, O. G.: Äthylen/Propylen-Terpolymere mit konjugierten Doppelbindungen. J. appl. Polymer Sci. **13** (1969) 2, S. 365–368.

Higashimura, T., Ohsumi, Y., Okamura, S., Chujo, R., Kuroda, T.: Kationische Polymerisation von α-β-disubstituierten Olefinen. X. Einfluß der Polymerisationsbedingungen auf die sterische Struktur von Polymethylpropenyläther. XI. Durch $BF_3O(C_2H_5)_2$ katalysierte Polymerisation von 2-Chloräthylpropenyläther. Makromol. Chemie **126** (1969) S. 87–98; 99–109 (engl.).

Aoki, S., Shirafuji, Ch., Otsu, T.: Metallhaltige Initiatorsysteme. XII. Vinylpolymerisation mit Pentacyanbenzylcobaltat(III) und mit binären Systemen aus Pentacyancobaltate (II) und organischen Halogeniden. Makromol. Chemie **126** (1969) S. 1–7 (engl.).

Aoki, Sh., Shirafuji, Ch., Kusuki, Y., Otsu, T.: Metallhaltige Initiatorsysteme. XIII. Radikalinitiierung von Vinylpolymerisation mit metallisches Zinn oder Zinnverbindungen enthaltenden Systemen. Makromol. Chemie **126** (1969) S. 8–15 (engl.).

Cremonesi, P.: Adsorption des Eisen-Ions auf peroxydierter Cellulose und ihr Einfluß auf die Copolymerisation von Vinylmonomeren. Ricerca Doc. tessile, Milano (Textilforsch. u. -dok.) **6** (1969) 1, S. 1–9.

Bukač, Z., Tomka, J., Šebenda, J.: Alkalische Polymerisation von 6-Caprolactam. XXXV. Aktivierungseffekt von 3-Oxosäureamiden. Coll. czechoslov. chem. Commun. **34** (1969) 7, S. 2057–2064 (engl.).

Mortillaro, L., Russa, M., Credali, L., Guidotti, V.: Polyamide aus ungesättigten Säuren. I. Polyfumaramide aus nichtsubstituierten aliphatischen Diaminen. Makromol. Chemie **126** (1969) S. 239–249 (engl.).

Abe, H., Imai, K., Matsumoto, M.: Syndiotaktische Polymerisation von Methylmethacrylat. J. Polymer Sci., C: Polymer Symposia (1968) 23, Teil 2, S. 469–485.

Nakayama, H., Imanishi, Y.: Kettenübertragung auf das Monomere bei der durch Lithiumbutyl initiierten Polymerisation von Methylmethacrylat. Kobunshi Kagaku, Tokyo (Chem. High Polymers) **26** (1969) 290, S. 408–415 (jap.; engl. Zusammenfass.).

Ryska, M., Schneider, Ch., Hummel, D. O.: Strahlenchemische Copolymerisation des Styrols mit Vinylchlorid. I. Untersuchungen zum Mechanismus und zur Kinetik der Reaktion. Makromol. Chemie **126** (1969) S. 23 bis 31.

Hamburger, C. J.: Einfluß von Nitrobenzol im Pfropfpolymerisationssystem Styrol/Celluloseacetat. J. Polymer Sci., A–1: Polymer Chem. **7** (1969) 4, S. 1023–1037.

Le-Khac-Bi, Kamiya, Y.: Durch Kobaltsalz und Natriumbromid katalysierte Autoxydation von Polystyrol in Chlorbenzol/Essigsäure. J. Polymer Sci., A – 1: Polymer Chem. 7 (1969) 4, S. 1131 – 1143.
Corfield, G. C., Crawshaw, A.: Mechanismus der Cyclopolymerisation. Konformationsanalyse von cis-1,3-Diisocyanatcyclohexan. J. Polymer Sci., A – 1: Polymer Chem. 7 (1969) 4, S. 1179 – 1185.
Carraher, Ch. E. jr., Brandt, Th. W.: Synthese von Polymeren aus Phenylphosphonsäurediisocyanat und Diaminen. Makromol. Chemie **126** (1969) S. 66 – 72 (engl.).
Kireev, V. V., Kolesnikov, G. S., Rajgorodskij, I. M., Polyphosphazene. Usp. Chimii (Fortschr. d. Chemie) **38** (1969) 8, S. 1504 – 1534.

II. Faserstoffe. Ausgangsstoffe usw.

Chemiefaserstoffe

Die Chemietextilien in Frankreich. Ind. textile, Paris (1969) 981, S. 447 bis 449.
Pakšver, A. B.: Moderne Verfahren zur Erhöhung der Festigkeit von Chemiefaserstoffen. Chim. Volokna (Chem. Fasern) (1969) 4, S. 46 – 49.

Cellulose und Zellstoff

Kuczkova, R.: Fortschritt auf dem Gebiet des alkalischen Holzaufschlusses im Jahre 1967. Papir a Celulóza, Praha **24** (1969) 7, S. 195 – 199.
Clement, J. L., Sage, W. L.: Ammoniumbasenablaugenverbrennung und Schwefeldioxidrückgewinnung. Tappi, New York **52** (1969) 8, S. 1449 bis 1456.
Croon, I., Ponton, S.: Hilfsmittel für die Harzkontrolle in der Zellstofffabrik. Svensk Papperstidn. **72** (1969) 16, S. 498 – 508.
Procter, A. R., Apelt, H. M.: Reaktionen der Holzkomponenten mit Schwefelwasserstoff. III. Wirksamkeit einer Vorbehandlung mit Schwefelwasserstoff auf die Stabilisierung der Cellulose gegenüber alkalischem Abbau im Vergleich zu anderen Verfahren. Tappi, New York **52** (1969) 8, S. 1518 – 1522.
Komarov, F. P.: Verbesserung der Verfahren zur Cellulosebleiche. Bumaž. Prom. (Papier-Ind.) (1969) 9, S. 4 – 6.
Ant-Wuorinen, O., Visapää, A.: Heterogene Säurehydrolyse der Cellulose. Teil II. Hydrolysierbarkeit der Cellulose. Paperi ja Puu, Helsinki (Papier u. Holz) **51** (1969) 8, S. 617 – 630.

Regeneratfaserstoffe

Jašunskaaj, A. G., Konovalova, E. M.: Viskosefaserstoffe aus niedrig substituierter Hydroxyäthylcellulose. Chim. Volokna (Chem. Fasern) (1969) 4, S. 55 – 57.
Borovskich, I. D., Logačeva, E. V.: Aus der Erfahrung bei der Verarbeitung von Spar-Viskosen. Chim. Volokna (Chem. Fasern) (1969) 4, S. 72 – 73.
Bubnova, G. P., Kostrikov, V. I.: Reinigung der Luft in der Viskoseindustrie von Schwefelwasserstoff und Schwefelkohlenstoff. Z. vsesojuz. chim. Obšč. Mendeleeva (Z. chem. Allunions-Mendelejew-Ges.). **14** (1969) 4, S. 399 – 405.
Kostrov, Ju. A., Litovčenko, G. D.: Vernetzung von Acetatfaserstoffen mit blockiertem Diisocyanat. Chim. Volokna (Chem. Fasern) (1969) 4, S. 61 – 64.
Serkov, A. T., Popenko, S. G., Rjabuškin, A. V., Kozevnikov, Ju. P.: Einfluß einer normalen Fällbadströmung auf die Spinnsicherheit und die Spannung in den Elementarstrahlen. Chim. Volokna (Chem. Fasern) (1969) 4, S. 57 – 59.

Synthetische Faserstoffe

Thermisch beständiger Polyamidfaserstoff Sulfon T. Chim. Volokna (Chem. Fasern) (1969) 4, S. 78.
Jakobs, M. I., Rebenfeld, L., Taylor, H, S.: Kontraktionskinetik von verstrecktem Polyamid 66 in wäßrigem Phenol. J. appl. Polymer Sci. **13** (1969) 3, S. 427 – 436.
Načinkin, O. I.: Über die Ursachen der Heterogenität im Querschnitt von naßgesponnenen Faserstoffen. Chim. Volokna (Chem. Fasern) (1969) 4, S. 52 – 55.
Ohzawa, Y., Nagano, Y., Matsuo, T.: Untersuchungen über das Trockenspinnen. I. Grundgleichungen. J. appl. Polymer Sci. **13** (1969) 2, S. 257 bis 283.
Krause, H. W.: Probleme bei der Verarbeitung von Elastomergarnen. II. Tex, Doetinchem/Nd. **28** (1969) 5, S. 237 – 238.

Ausgangsstoffe. Schaumstoffe. Kautschuk

Markova, E. V., Kartašova, T. M., Busygina, Ju. M., Žirnova. G. A., Štepina, G. E.: Anwendung lateinischer Würfel zweiter Ordnung bei der Entwicklung der Rezeptur eines neuen Polymermaterials. Zavodsk. Labor., Moskva (Betriebslabor) **35** (1969) 7, S. 831 – 835.
Kozarčanin, S.: Entwicklung und Anwendung von Cellophan und Kunststoff-Folien. Hemijska Vlakna, Loznica/Jugoslaw. (Chem. Fasern) **9** (1969) 2, S. 6 – 12.

III. Fäden-Herstellungstechnologien

Spinnerei. Zwirnerei

Spinnereivorbereitung

Akami, H., Kawakami, T.: Analyse der Wickelgleichmäßigkeit mittels der Theorie des „Schlangestehens". Kogyo Gijutsuin Sen'i Kogyo Shikensho Kenkyo Hokoku, Yokoham (Bull. Textile Res. Inst. jap. Government) (1968) 85(11), S. 83 – 89 (jap.; engl. Zusammenfass.).
Foebriger, E.: Der Einsatz von Ballenzupfern bei der Chemiefaserverarbeitung. Chemiefasern **19** (1969) 9, S. 693 – 697.

Spinnerei

Cahill, C.: Ziel: Bessere Vorratsmischungen. Textile Ind. **133** (1969) 5, S. 140, 142, 143 – 147.
Perkins, H. H.: Nachweis von kationischen Additiven auf Baumwolle. Textile Ind. **133** (1969) 5, S. 148, 149, 151.
Siegl, R.: Entwicklung in der Baumwollspinnerei. Textile Ind. **133** (1969) 5, S. 123, 125, 128, 129, 131, 132.
Kocsis, J., Schmalz, J.: Über die Rolle des Reglerabschnittes in der Regelung von Kammzügen in der Wollindustrie. Magyar Textiltechn. **21** (1969) 8, S. 397 – 399.
Gollmick, H.-J.: Unhörbarer Schall löst schwierige Reinigungsaufgaben. II. Chemiefasern **19** (1969) 9, S. 718 – 720.

Zwirnerei

Knjasewa, A. W.: Erhöhung der Produktionseffektivität. Tekstil. Prom. (Textil-Ind.) (1969) 5. Ref.: Presse d. SU, Ausg. A,. Berlin (1966) 106, S. 10.

Erzeugnisse der Spinnerei und Zwirnerei

Das „Halbkammgarn"-System bei Wolle. Ind. textile, Paris (1969) 981, S. 457 – 460.
Wie man den Umsatz um 2300% steigert. Textile World **119** (1969) 5, S. 92 – 95.

Texturfäden

Maslennikov, Ju. I., Dadik, E. F.: Über die Prinzipien der Herstellung von Hochkräuselseide. Izv. vyssich uč. Zav. Technol. legkoj Prom. (Hochschulnachr. Technol. Leichtind.) (1969) 4, S. 51 – 56.

IV. Flächengebilde-Herstellungstechnologien

Schwarz, H. R.: Technische Textilien entwickeln sich in gleichem Schritt mit den Fasern. Mod. Textiles Mag. **50** (1969) 6, S. 23 – 25.
Vorzüge von Leinenerzeugnissen und deren Entwicklungsrichtung. Japan Textile News (1969) 173, S. 87 – 88.

Materialvorbereitung

Klösges, H.: Ökonomische Auswertung der Vorteile der vollautomatisierten Spulmaschinen. Textil, Praha **24** (1969) 8, S. 263 – 266.
Ruf, H.: Vorteile des Einziehsystems Titan (Selektor) und dessen ökonomischer Beitrag. Textil, Praha **24** (1969) 8, S. 261 – 263.
Feikema, J. C., Faasen, N. J.: Schlichten und Weben von Polyester/Baumwoll- und Polyester/Viskose-Fäden. Ind. textile, Paris (1969) 981, S. 461 bis 465.

Erzeugnisse der Weberei

Lukoševičene, E. S., Gutauskas, M. M.: Einfluß der Deformierungseigenschaften von Textilien auf die Verteilung der Spannungen beim räumlichen Dehnen durch pneumatische Belastung. Izv. vyssich uč. Zav. Technol. legkoj Prom. (Hochschulnachr. Technol. Leichtind.) (1969) 3, S. 24 – 27.
Novolodskaja, I. G., Ivanova, T. I.: Einsatz von Polynosefasern bei der Herstellung von Geweben. Chim. Volokna (Chem. Fasern) (1969) 4, S. 71.
Lennox-Kerr, P.: Die europäische Nadel. Textile Ind. **133** (1969) 5, S. 92G bis 92J, 97, 99, 103, 104.

Wirkerei und Strickerei. Konfektionstechnik. Sonstige Technologien

Biehler, G.: Ermittlung von Fertigmaßen für Herren-Unterhemden aus Gestricken. Bekleid. u. Maschenware **8** (1969) 4, S. 148 – 150.
Wittek, G.: Entwicklungstendenzen des Bedarfs an Obertrikotagen im Perspektivzeitraum bis 1980. Bekleid. u. Maschenware **8** (1969) 4, S. 153 bis 156.

Wirkerei- und Strickerei-Technologie

Moiseenko, F. A., Korol', V. P.: Einfluß des Verhältnisses der Maschenlängen der Kettengewirkebindungen auf die Maschenstruktur der Trikotagen. Mitt. 2. Untersuchungen bei nicht eingestellten Arbeitswerten der Maschine. Izv. vyssich uč. Zav. Technol. legkoj Prom. (Hochschulnachr. Technol. Leichtind.) (1969) 3, S. 111 – 115.
Citovič, I. G., Kagan, V. M.: Zur Untersuchung des Verarbeitens von Glasfäden auf Wirk- und Strickmaschinen. Izv. vyssich uč. Zav. Technol. legkoj Prom. (Hochschulnachr. Technol. Leichtind.) (1969) 3, S. 116 bis 120.

Erzeugnisse der Wirkerei und Strickerei

Wheatley, B.: Der Fortschritt der Kettengewirke und der Oberbekleidungs-Raschelware. Textile Inst. Ind. **7** (1969) 8, S. 220 – 222.
Beneman, A. M., Garbaruk, V. N.: Über die Formbeständigkeit von Wirk- und Strickmaschen. Izv. vyssich uč. Zav. Technol. legkoj Prom. (Hochschulnachr. Technol. Leichtind.) (1969) 3, S. 105 – 110.
Stefanovski, S.: Thermische Behandlung von Gewirkemeterware. Hemijska Vlakna, Loznica/Jugoslaw. (Chem. Fasern) **9** (1969) 2, S. 13 – 15.
Kal'nickij, L. B., Ignatova, L. P.: Möglichkeit eines Erhalts von Mustern auf selektorlosen Interlock-Maschinen. Izv. vyssich uč. Zav. Technol. legkoj Prom. (Hochschulnachr. Technol. Leichtind.) (1969) 4, S. 114 bis 121.
Vier Tips für die Verarbeitung von Polyamid-Texturseiden in der Strickerei. Textile World **119** (1969) 5, S. 100 – 101.

Konfektion

Parchomoec, N. K.: Klassifikation der menschlichen Gestalten unter Berücksichtigung der technischen Vervielfältigung der Bekleidungsschablonen. Izv. vyssich uč. Zav. Technol. legkoj Prom. (Hochschulnachr. Technol. Leichtind.) (1969) 4, S. 103 – 108.
Kudin, I. M.: Organisation und mathematische Formulierung der Aufgabe einer optimalen Verteilung von Geweben unterschiedlicher Breite zu Lagen. Izv. vyssich uč. Zav. Technol. legkoj Prom. (Hochschulnachr. Technol. Leichtind.) (1969) 4, S. 16 – 21.
Simonov, A. I.: Bestimmung der technologischen Gleichartigkeit der Prozesse zur Herstellung von Konfektionserzeugnissen in Strömen. Izv. vyssich uč. Zav. Technol. legkoj Prom. (Hochschulnachr. Technol. Leichtind.) (1969) 3, S. 17 – 23.

Textilverbundstoffe

Faserverbundstoffe, Vliesstoffe

Großsteinbeck, R.: Die Entwicklung nicht gewebter Flächengebilde, ihre Herstellung und Anwendung. Chemiefasern **19** (1969) 9, S. 698 – 705.
Tichomirov, V. B., Ponomareva, T. V.: Anwendung mathematischer Verfahren der Planung des Experiments bei der Beurteilung der Eigenschaften von Vliesstoffen mit einem Bindemittel in Form von leicht schmelzbaren Fasern. Izv. vyssich uč. Zav. Technol. legkoj Prom. (Hochschulnachr. Technol. Leichtind.) (1969) 4, S. 46 – 50.
Sautin, B. V., Pavlov, S. A.: Luft- und Dampfdurchlässigkeit von Vliesstoffen, die durch Ionenablagerung hergestellt wurden. Mitt. 2. Izv. vyssich uč. Zav. Technol. legkoj Prom. (Hochschulnachr. Technol. Leichtind.) (1969) 4, S. 35 – 39.
Beranek, M.: Die Verfestigungsnadel – Ein Arbeitselement der Durchstichmaschine zur Verfestigung von Vliesen. Inform. Přehled. Výskumný Úst. Pletařský, Brno (Inform.-Übers. Wirkerei-Inst.) (1969) 1/2, S. 25 – 37.

V. Textilveredlung

Zsindely, Sándorné: Über das Färben und Veredeln von textilen Glasgeweben. Magyar Textiltechn. **21** (1969) 8, S. 417–420.
Lösungsmittelausrüstung und -färbung auf der Knitting Arts Exhibition. Mod. Textiles Mag. **50** (1969) 6, S. 42–43.
Shimo, M., Ishino, K., Ujigawa, H., Shirota, T.: Untersuchungen zur Herstellung eines Versuchsmusters eines Hochdruckdämpfers und zum Färben und Ausrüsten mit diesem Dämpfer. I. Untersuchungen zur Fixierung von Dispersionsfarbstoffen auf Polyestergewebe durch Hochdruckdämpfer. II. Versuche zur Harzausrüstung von Baumwollgewebe durch Hochdruckdämpfer. Kogyo Gijutsuin Sen'i Kogyo Shikensho Kenkyo Hokoku, Yokohama (Bull. Textile Res. Inst. jap. Government) (1968) 85(11), S. 55–67 (jap.; engl. Zusammenfass.).

Farbstoffe. Textilhilfsmittel

Däuble, M.: Metallkomplexfarbstoffe in der Färberei. I. II. Tex, Doetinchem/Nd. **28** (1969) 4, S. 189–192; 5, S. 238–240.
Paškov, A. L., Samuseva, I. S., Timochina, N. V., Grubman, L. P.: Bleichkompositionen, eine neue Richtung in der Chemie der Haushaltsbleichmittel. Chim. Prom. (Chem. Ind.) (1968) 8, S. 20–22.
Geršenovič, A. I., Rabinovič, M. A., Kirillova, G. G., Korzov, V. D.: Gewinnung von Celluloseäthansulfonat, eines neuen Antiresorptionszusatzes zu Waschmitteln. Chim. Prom. (Chem. Ind.) (1969) 8, S. 15–17.
Solomachina, A. I., Jankovskis, E. Ja., Brovkova, M. G.: Moderne Wäschestärken. Chim. Prom. (Chem. Ind.) (1969) 8, S. 17–19.
Čurilkina, V. F.: Fleckenentferner für im Haushalt eingesetzte Gewebe. Chim. Prom. (Chem. Ind.) (1969) 8, S. 23–28.
Dymšic, L. B.: Fleckenentferner nach dem Adsorptionsprinzip. Chim. Prom. (Chem. Ind.) (1969) 8, S. 28–32.

Färberei

Scesi, F.: Das Natriumchlorid in der Färberei. Panorama tessile, Milano 6 (1969) 39, S. 24–25.
Krien, G.: Verarbeitung und Veredlung von Polyamidfasern in der Teppichindustrie. Chemiefasern **19** (1969) 9, S. 711–718.
Zysman, J.: Kautschuk und synthetische Harze als Appreturmittel. Ind. textile, Paris (1969) 981, S. 487–492.
Viviani, F.: Die Färbung der Acrylfasern. Panorama tessile, Milano **6** (1969) 39, S. 19–23.

Ausrüstung. Trocknung

Wegbereiter des Lösungsmittelverfahrens spezialisiert sich, um Erfolg zu haben. Textile World **119** (1969) 5, S. 131–133.
Wälchli, O.: Schimmelpilzschäden an Textilien und deren Verhütung durch schimmelfeste Ausrüstung. Textilveredlung, Weinfelden/Schweiz **4** (1969) 8, S. 620–629.
Tárnoky, F.: Der Bezug von Textilien mit Plasten im Zweizylinder-Schmelzverfahren. Magyar Textiltechn. **21** (1969) 8, S. 449–452.
Wellinger, E.: Über Sicherung von Textilien gegen Feuer mit besonderem Bezug auf flammensichere Ausrüstung von Baumwollwaren. Norsk Tekstiltid. (1969) 5, S. 8, 10–11, 34.
Smirnov, G. P., Beršev, E. N., Sucharev, M. I.: Einfluß des Schichtträgers auf die Eigenschaften von Fertigwaren mit elektrostatisch aufgetragenem Flor. Izv. vysšich uč. Zav. Technol. legkoj Prom. (Hochschulnachr. Technol. Leichtind.) (1969) 3, S. 43–47.

Wäscherei. Chemische Reinigung

Rank, S.: Münz-Reinigungsautomaten 1969 auf dem deutschen Markt. Chemischreiniger u. Färber/Färber-Ztg. **22** (1969) 8, S. 378–383.

VI. Werkstoffprüfung. Meß- und Prüftechnik. Standardisierung

Fink, P.: Textilprüfung vor neuen Aufgaben. Textilveredlung, Weinfelden/Schweiz **4** (1969) 8, S. 605–612.

Eigenschaften und Fehler der Textilmaterialien u. a.

Ryder, M. L.: Die Vlies-Art nepalesischer Schafe. J. Textile Inst. **60** (1969) 8, S. 341–343.
Kotov, M. P., Sorokina, N. S.: Adhäsionstheorie. Izv. vysšich uč. Zav. Technol. legkoj Prom. (Hochschulnachr. Technol. Leichtind.) (1969) 3, S. 48–50.
Milicevic, B.: Thermodynamik des Gleichgewichts und des Nichtgleichgewichts beim Färben in nichtionischen Systemen. Textile Res. J. **39** (1969) 7, S. 677–685.
Rusznák, I., Zimmer, K.: Die Bestimmung der im Laufe der Wärmebehandlung in der Veredlung auftretenden chemischen und physikalischen Veränderungen. Magyar Textiltechn. **21** (1969) 8, S. 393–396.
Michajlov, N. V., Efremov, V. Ja., Kalašnik, A. T.: Über die strukturmechanischen Besonderheiten der Alterung und der Stabilisierung von Chemiefaserstoffen. Chim. Volokna (Chem. Fasern) (1969) 4, S. 12–15.
Kiseleva, G. A., Zubareva, V. P., Ovečenko, N. G.: Einfluß der Bindemittelstruktur und der Faserbeschaffenheit auf die textilphysikalischen Eigenschaften von Kleb-Vliesstoffen. Mitt. 2. Izv. vysšich uč. Zav. Technol. legkoj Prom. (Hochschulnachr. Technol. Leichtind.) (1969) 3, S. 58–62.
Seves, A., Vecchio, G.: Bewertungsmethode der Einflüsse des Titers und der Nummer von Endlosfäden auf das Deckvermögen von texturierten Garnen mit Falschdrall: Polyamid 6 und Polyester. Ricerca Doc. tessile, Milano (Textilforsch. u. -dok.) **6** (1969) 1, S. 10–17.
van Dyke, P., Hedgepeth, J. M.: Spannungskonzentration durch Fehler einzelner Fäden in Verbundstoffen. Textile Res. J. **39** (1969) 7, S. 618–626.
Löbel, W.: Die Messung elektrostatischer Aufladungen in der Betriebspraxis und die Prüfung der Aufladbarkeit von Werkstoffen und Fertigprodukten. Elektro-Praktiker **23** (1969) 8, S. 249–253.
Aronova, E. I., Solov'ev, A. N.: Einfluß der Maße des Prüflings auf die Reißcharakteristiken von Maschenwaren. Izv. vysšich uč. Zav. Technol. legkoj Prom. (Hochschulnachr. Technol. Leichtind.) (1969) 4, S. 22–26.
Fulmer, G. E., Guthrie, J. L.: Biegelebensdauer und Dauerfestigkeit von Verbundstoffen. J. appl. Polymer Sci. **13** (1969) 3, S. 445–458.
Modestova, T. A., Drissina, Ju. G., Birjukova, N. V.: Über die Ursachen des Schrumpfens von Nähvliesstoffen beim Nässen und Waschen. Izv. vysšich uč. Zav. Technol. legkoj Prom. (Hochschulnachr. Technol. Leichtind.) (1969) 3, S. 28–31.
Katsumi, M., Tsuji, T.: Untersuchung der Schmutzentfernung von vernetztem Polypropylen. Textile Res. J. **39** (1969) 7, S. 627–632.

Meß- und Prüftechnik

Bondarev, G. S., Černousov, V. C., Kiselev, Ju. I.: Vorrichtung zur Bestimmung der Acetylierungsgeschwindigkeit von Cellulose. Zavodsk. Labor., Moskva (Betriebslabor) **35** (1969) 7, S. 884–886.
Gerškovič, B. M.: Gerät für mechanische Prüfungen an Faserstoffen. Zavodsk. Labor., Moskva (Betriebslabor) **35** (1969) 7, S. 873–874.
Lennox, F. G.: Untersuchungen über das Vergilben von Wolle. Teil XXV. Ultraviolett-Sensibilisierung für hydrothermisches Vergilben. Textile Res. J. **39** (1969) 7, S. 700–702.
Crosby, P. P.: Qualitätssicherung von A bis Y. Teil 1 u. 2. ZwF. Z. wirtsch. Fertiqung **64**, (1969) 7, S. 385–391; 8, S. 441–447.
Müller-Rossow, K.: Über die Stellung der Qualitätssteuerung in einem Betrieb. Teil 1. ZwF. Z. wirtsch. Fertigung **64** (1969) 8, S. 447–450.
Hadley, D. M.: Kritischer Vergleich empirischer Versuche über die Spannungs-Erholung textiler Fasern. Teil I. Beschreibung dreier Prüfmethoden. Teil II. Messungen an einzelnen Fäden und einfachen Garnen. J. Textile Inst. **60** (1969) 8, S. 301–311; 312–330.
Hadley, D. W., Preston, D.: Kritischer Vergleich empirischer Versuche über die Spannungs-Erholung textiler Fasern. Teil III. Vergleich zwischen Erholungs-Prüfungen und dem Gebrauchsverhalten teppichähnlicher Konstruktionen. J. Textile Inst. **60** (1969) 8, S. 331–338.
Wiedemann, H. G.: Der Thermoanalyzer Mettler TA 2 – ein Meßgerät für thermoanalytische und gravimetrische Untersuchungen. Meßtechnik **77** (1969) 9, S. 213–221.

Standardisierung. Terminologie

Plutecki, K.: Interpretation der Ergebnisse des Qualitester mit Hilfe von Standards. Technik włókienn. (Textiltechn.) **18** (1969) 4, S. 102–105.
Firmennamen und Warenzeichen Symbole für Wertarbeit und Weltmarktfähigkeit der Erzeugnisse. Wirtschaft, Ausg. A **24** (1969) 36, S. 2.

VII. Betriebstechnik. Ökonomie. Tagungsberichte und dgl.. Sonderfragen

Betriebstechnik

Žukov, A. V., Olejnik, V. A., Stavcov, A. J., Derevjakin, N. I., Mojsmuk, V. S.: Anwendung von einheimischem Perlitpulver für die Filtration von Caprolactamlösungen. Chim. Volokna (Chem. Fasern) (1969) 4, S. 73–74.
Bernadiner, Y. N., Šurygin, A. P., Esilevič, B. S., Lepachin, I. A., Baskova, N. K., Kazanskij, A. A.: Thermische Reinigung von Abwässern aus der Produktion des Anid-Faserstoffes. Chim. Volokna (Chem. Fasern) (1969) 4, S. 67–69.
Perényi, M.: Lärmprobleme und Möglichkeiten der Lärmverringerung auf Grund von Betriebsversuchen. Magyar Textiltechn. **21** (1969) 8, S. 426 bis 431.
Balzer, W.: Ideologische Arbeit bei Verwirklichung der „Grundrichtung des Arbeitsstudiums, der Arbeitsgestaltung und der Arbeitsnormung". Fertigungstechnik u. Betrieb **19** (1969) 9, S. 528–531.
Fischer, A.: Arbeitsschutz bei der Benutzung von Leitern aus Schnittholz Elektro-Praktiker **23** (1969) 8, S. 266–267.
Müller, R. H.: Der Stand der Extruder-Technik. I. Doppelschnecken-Extruder, ihre Bauarten und Einsatzgebiete. Kautschuk, Gummi, Kunststoffe **22** (1969) 8, S. 440–444.
Schweizer, W. F.: Systematischer Aufbau eines Einstellprogramms für Webmaschinen. II. Tex, Doetinchem/Nd. **28** (1969) 5, S. 230–233.
Zehn neue Fabriken. Textile World **119** (1969) 5, S. 49–77.

Ökonomie

Demina, A. P., Rusakov, S. I.: Untersuchung des Einflusses der Größe von Konfektionsströmen auf ihre technisch-ökonomischen Kennziffern und die Auswahl der Organisationsform. Mitt. 2. Izv. vysšich uč. Zav. Technol. legkoj Prom. (Hochschulnachr. Technol. Leichtind.) (1969) 3, S. 12–16.
Kápolnai, G.: Gedanken über Organisation und Tätigkeit der Qualitätskontrolle in der Textilausrüstung. Magyar Textiltechn. **21** (1969) 8, S. 432–436.
Sztakó, L.: Organisations- und Arbeitsordnung eines mittelgroßen Textilunternehmens. Magyar Textiltechn. **21** (1969) 8, S. 437–440.
Marktsituation von Gewirken und Gestricken aus synthetischen Faserstoffen im Jahre 1968. Japan Textile News (1969) 173, S. 17–18.
Aufschwung bei Courtaulds. Nature, London **223** (1969) 5205, S. 439.
Das durch Veränderungen im Faserstoff und in der Konstruktion in Bewegung geratene Gebiet des Reifengewebes. Mod. Textiles Mag. **50** (1969) 6, S. 26, 27, 33.
Pošlep, A.: Entwicklung, gegenwärtiger Stand und Perspektive der Chemiefaserstoffe. Hemijska Vlakna, Loznica/Jugoslaw. (Chem. Fasern) 9 (1969) 2, S. 15–20.
Bismark, K., Schwarzbach, S.: Ermittlung der quantitativ und qualitativ bedingten Leistungsveränderung einer wirtschaftenden Einheit als Grundlage der leistungsbezogenen Lohnfondsplanung und -inanspruchnahme. Fertigungstechnik u. Betrieb **19** (1969) 9, S. 556–560.
Gläser, A.: Komplexe Kennziffernsysteme als Grundlage der persönlichen materiellen Stimulierung im sozialistischen Industriebetrieb. Fertigungstechnik u. Betrieb **19** (1969) 9, S. 550–555.
Rogovin, Z. A.: Über einige Richtungen des wissenschaftlich-technischen Fortschrittes in der Chemiefaserproduktion. Chim. Volokna (Chem. Fasern) (1969) 4, S. 6–11.

Sonderfragen

McNamara, A. B.: Die Speicherung und das Wiederfinden von textilen Informationen in den 70er Jahren – die Rolle der beruflichen Vereinigungen. Textile Inst. Ind. **7** (1969) 8, S. 209–212.
Zäsur beim Zentralblatt. Neuer Informationsdienst – Pläne für maschinelle Chemiedokumentation. Nachrichten Chemie Technik **17** (1969) S. 243–244. In: Angew. Chemie **81** (1969) 14.
ACS-Bericht zur Einschätzung des Nutzens eines Informationssystems. Chem. engng. News **47** (1969) 31, S. 45.
Polyestergewirke spielen in künstlichem Herz eine Rolle. Textile World **119** (1969) 5, S. 91.
Burkitt, F. H., Bornet, G. M.: Forschungen und Forschungsrichtungen des Internationalen Baumwoll-Institutes. Textile Inst. Ind. **7** (1969) 8, S. 223 bis 225.

Faserforschung und Textiltechnik

WISSENSCHAFTLICH-TECHNISCHE ZEITSCHRIFT
FÜR DIE CHEMIEFASER- UND TEXTILINDUSTRIE

BEGRÜNDET VON
ERICH CORRENS UND WALTER FRENZEL

HERAUSGEGEBEN VON E. CORRENS —
W. BOBETH — H. BÖHRINGER — H. KLARE —
B. PHILIPP — CH. RUSCHER

SCHRIFTLEITER J. BRÄMER UND I. RUSCHER

20. Jahrgang 1969

AKADEMIE-VERLAG BERLIN

Die Zeitschrift „Faserforschung und Textiltechnik" erscheint monatlich in Heften zu 48 Textseiten im Format A 4. Der Preis für das Einzelheft beträgt M 15,– (Sonderpreis für DDR M 9,–), für den Vierteljahrbezug M 45,– (Sonderpreis für DDR M 27,–), zuzügl. Bestellgeld. Die Berechnung erfolgt zu Beginn eines Vierteljahrs für 3 Hefte. Bestellungen aus dem Gebiet der Deutschen Demokratischen Republik an ein Postamt, eine Buchhandlung oder den Verlag, aus der Deutschen Bundesrepublik an eine Buchhandlung oder die Auslieferungsstelle Kunst und Wissen, Erich Bieber, 7 Stuttgart 1, Wilhelmstraße 4–6, aus dem Ausland an eine Importbuchhandlung, den Deutschen Buch-Export und -Import GmbH., 701 Leipzig, Postschließfach 276, oder den Akademie-Verlag GmbH., 108 Berlin, Leipziger Str. 3–4 (Fernruf: 220441; Telex-Nr. 0112020; Postscheckkonto 35021) erbeten. Bestellnummer dieses Bandes: 1014/20. Alleinige Anzeigenannahme DEWAG-WERBUNG, 102 Berlin, Rosenthaler Str. 28/31, und alle DEWAG-Betriebe in den Bezirksstädten der DDR. – Bestellungen in der UdSSR nehmen entgegen: Städtische Abteilungen von „SOJUZPECHATJ" bzw. Postämter und Postkontore.

Herausgeber und verantwortlich für den Inhalt: Prof. Dr. Erich Correns, Institut für Faserstoff-Forschung der Deutschen Akademie der Wissenschaften zu Berlin, 153 Teltow-Seehof, Fernruf: Teltow 4831; Prof. Dr.-Ing. habil. Wolfgang Bobeth, Institut für Technologie der Fasern der Deutschen Akademie der Wissenschaften zu Berlin, 801 Dresden, Hohe Str. 6, Fernruf: 44721; Prof. Dr.-Ing. Hans Böhringer, Institut für Textiltechnologie der Chemiefasern Rudolstadt, Fernruf: Rudolstadt 2031; Prof. Dr. Hermann Klare, Prof. Dr. habil. Burkart Philipp und Dr. Christian Ruscher, Institut für Faserstoff-Forschung der Deutschen Akademie der Wissenschaften zu Berlin, 153 Teltow-Seehof, Fernruf: Teltow 4831. Schriftleiter: Joachim Brämer und Dipl.-Chem. Ingeborg Ruscher, 153 Teltow-Seehof, Kantstr. 55. Verlag: Akademie-Verlag GmbH., 108 Berlin, Leipziger Str. 3–4. Satz und Druck: Druckhaus „Maxim Gorki", 74 Altenburg. – Veröffentlicht unter der Lizenznummer 1280 des Presseamtes beim Vorsitzenden des Ministerrates der Deutschen Demokratischen Republik.

Inhaltsverzeichnis Jahrgang 20

Heft 1: Seiten 1 bis 60
Heft 2: Seiten 61 bis 110
Heft 3: Seiten 111 bis 162
Heft 4: Seiten 163 bis 210
Heft 5: Seiten 211 bis 258
Heft 6: Seiten 259 bis 308
Heft 7: Seiten 309 bis 356
Heft 8: Seiten 357 bis 408
Heft 9: Seiten 409 bis 460
Heft 10: Seiten 461 bis 508
Heft 11: Seiten 509 bis 560
Heft 12: Seiten 561 bis 606

Verfasserverzeichnis

(KM) = Kurze Mitteilung

Ahlers, K.-D., Schmalz, E.-O., Dielforder, H., Grundke, H., und *Zuchold, H.:* Untersuchungen zur Trocknung von Polyamid-Granulat . . . 42

***Backmann**, R.:* Theoretische Betrachtungen zur Gewebebildung . . 509

Bauer, A., und *Winkler, F.:* Dynamische Zugprüfung von Fäden. XI. Kritische Betrachtungen zum Begriff Tangentenmodul. XII. Zuordnung der in der Literatur gefundenen Modul-Begriffe zur Systematik der Tangenten- und Sekantenmoduli 141, 368

Berger, W., Dohrn, W., Hartig, S., Peters, W., und *Rudolf, H.:* Herstellung und Eigenschaften chlormodifizierter Acrylfasern. 1. Mitt.: Modacrylfasern auf Basis binärer Acrylnitril/Vinylchlorid-Copolymerisate 467

Berndt, W.: Zur Quellung von Buchenzellstoffen in 19,5%iger Natronlauge bei Temperaturen zwischen 20 und 70 °C (KM) . . . 102

Bröcker, W., Praeger, K., und *Raue, I.:* Die Bestimmung des Mattierungsmittelgehaltes in Titandioxidsuspensionen und mattiertem Polyamid 330

Büchner, R., Sendner, H., Zimmermann, K., und *Gründling, A.:* Inhomogenitäten in Buchensulfitzellstoff-Viskosen und ihr Einfluß auf den Spinnprozeß 438

***Casperson**, G., Philipp, B., Jacopian, V.,* und *Hoyme, E.:* Zum Quellungsverhalten von Normalholz- und Zugholzfasern der Pappel 61, 350

***Dautzenberg**, H.:* Einfluß der Lösungsmittelgüte auf das Verhalten linearer und verzweigter Makromoleküle in Lösung 409

—, *Philipp, B.,* und *Schmiga, W.:* Zur Kinetik der Xanthogenatbildung und -zersetzung bei einigen niedermolekularen Alkoholen und einfachen Zuckern. Teil I: Versuchsmethodik sowie Ergebnisse zur Xanthogenierung. Teil II: Ergebnisse zur Xanthogenatzersetzung und zusammenfassende Diskussion 111, 350; 179

—, und *Philipp, B.:* Versuche zur Herstellung von Natriumdithiocarbonat (KM) 151

—, und *Philipp, B.:* Zur Kinetik der Additionsreaktion zwischen CS_2 und verschiedenen Anionen unter besonderer Berücksichtigung ihrer Abhängigkeit von der Hydroxylionenkonzentration. 213

Dautzenberg, H., Philipp, B., und *Schmiga, W.:* Kinetische Untersuchungen zur Xanthogenatbildung und -zersetzung bei chemisch modifizierten Cellulosen und bei Hemicellulosen 573

Dielforder, H., Schmalz, E.-O., Ahlers, K.-D., Grundke, H., und *Zuchold, H.:* Untersuchungen zur Trocknung von Polyamid-Granulat . . 42

Dietrich, K.: Zur manometrischen Wasserbestimmung in Polyamidschnitzeln (KM) 198

Dinse, H.-D., und *Praeger, K.:* Eine neue Betriebskontrollmethode zur Wasserbestimmung in Polyäthylenterephthalat (KM) 449

Dittmann, H., Henkel, H., Kaufmann, S., Lochmüller, O., und *Richter, H.:* Dickstellen in gereckter Polyamidseide und ihre Entstehungsursachen. Teil 1: Das Erscheinungsbild der Dickstellen und die Theorie ihrer Entstehungsmöglichkeiten. Teil 2: Theorie und Modellversuche. Teil 4: Der Wasserhaushalt der Spinnspule 274, 278, 431

Dohrn, W., Berger, W., Hartig, S., Peters, W., und *Rudolf, H.:* Herstellung und Eigenschaften chlormodifizierter Acrylfasern. 1. Mitt.: Modacrylfasern auf Basis binärer Acrylnitril/Vinylchlorid-Copolymerisate 467

***Falke**, H.,* und *Nestler, R.:* Die Veränderung der Festigkeitseigenschaften von Nähfäden beim Nähen auf Industrie-Nähmaschinen 587

Flath, H.-J., und *Jacobasch, H.-J.:* Zu den Ursachen der Trockenanschmutzung von Textilien 338

***Geitel**, K.:* Die Bogenzahl, eine notwendige Größe zur Beschreibung der Kräuselung? 259

Gensrich, H. J., und *Gröbe, A.:* Elektronenmikroskopische Untersuchungen an Ultradünnschnitten von Celluloseregeneratfäden. Teil I. Präparationsmethoden. Teil II. Die Struktur von Gelfäden, koaguliert in Ammoniumsulfatlösungen . 118, 425

Gieseke, R., und *Gröbe, V.:* Einfluß des pH-Wertes wäßriger Fällbäder auf die Eigenschaften naßgesponnener Polyacrylnitrilfäden . . 30, 350

—, und *Gröbe, V.:* Vergleich der Struktur und des Farbstoffaufnahmevermögens von Fäden aus Polyacrylnitril und Acrylnitril/Methylacrylat-Copolymerisaten 231

Götze, W., Winkler, F., und *Homann, G.:* Dichtebestimmung an Faserstoffen. III. Eigene Untersuchungen: Meßeinrichtung und Meßverfahren 80

Gohlke, U., und *Reinisch, G.:* Zur analytischen Laborpolymerisation von Caprolactam 463

Grimm, H., und *Heger, A.:* Zur Kenntnis der Eigenschaftsänderungen von Viskosefasern nach Bestrahlung mit beschleunigten Elektronen und thermischer Nachbehandlung 495

Gröbe, A., und *Gensrich, H. J.:* Elektronenmikroskopische Untersuchungen an Ultradünnschnitten von Celluloseregeneratfäden. Teil I. Präparationsmethoden. Teil II. Die Struktur von Gelfäden, koaguliert in Ammoniumsulfatlösungen . 118, 425

—, und *Purz, H.-J.:* Mikroskopische Untersuchungen zur Struktur von Cellulosexanthogenatgelen. Teil II: Gelstruktur durch zentripetale Diffusion von Elektrolyten . 219

Gröbe, V., und *Gieseke, R.:* Einfluß des pH-Wertes wäßriger Fällbäder auf die Eigenschaften naßgesponnener Polyacrylnitrilfäden . . 30, 350

—, und *Reichert, H.:* Zur Copolymerisation von Acrylnitril mit N-Allyl- und N-Methallyl-N-methylaminoäthansulfonaten 131

—, und *Gieseke,, R.:* Vergleich der Struktur und des Farbstoffaufnahmevermögens von Fäden aus Polyacrylnitril und Acrylnitril/Methylacrylat-Copolymerisaten 231

—, und *Reichert, H.:* Zur Copolymerisation von Acrylnitril mit N-Allylglycin und N-Allyl-β-alanin . 317

Grosse, I., und *Hornuff, G. von:* Über Veränderung der Feinstruktur von Polyacrylnitrilfasern bei der Reckung und der thermischen Behandlung. 1. Mitteilung. 2. Mitteilung 309, 391

Gruber, E., Schurz, J., Uragg, H., Renger, J., und *Schmidt, K. H.:* Viskositätsmessungen an gelhaltigen Celluloselösungen. 481

Gründling, A., Sendner, H., Zimmermann, K., und *Büchner, R.:* Inhomogenitäten in Buchensulfitzellstoff-Viskosen und ihr Einfluß auf den Spinnprozeß 438

Grundke, H., Schmalz, E.-O., Ahlers, K.-D., Dielforder, H., und *Zuchold, H.:* Untersuchungen zur Trocknung von Polyamid-Granulat 42

—, und *Schmalz, E.-O.:* Diffusion von Wasser in Hochpolymeren . . 377

Hartig, S., Berger, W., Dohrn, W., Peters, W., und *Rudolf, H.*: Herstellung und Eigenschaften chlormodifizierter Acrylfasern. 1. Mitt.: Modacrylfasern auf Basis binärer Acrylnitril/Vinylchlorid-Copolymerisate 467

Heger, A.: Modifizierung von Polyamidfaserstoffen durch strahlenchemisch initiiertes Aufpfropfen von Styrol 21

—, und *Grimm, H.*: Zur Kenntnis der Eigenschaftsänderungen von Viskosefasern nach Bestrahlung mit beschleunigten Elektronen und thermischer Nachbehandlung . . . 495

Henkel, H., Dittmann, H., Kaufmann, S., Lochmüller, O., und *Richter, H.*: Dickstellen in gereckter Polyamidseide und ihre Entstehungsursachen. Teil 1: Das Erscheinungsbild der Dickstellen und die Theorie ihrer Entstehungsmöglichkeiten. Teil 2: Theorie und Modellversuche. Teil 4: Der Wasserhaushalt der Spinnspule 274, 278, 564

Hinrichsen, G.: Ein Iterationsverfahren zur Berechnung von Umwandlungswärmen aus differentialkalorimetrischen Messungen an hochpolymeren Festkörpern . . . 529

Hoffrichter, S., und *Tomoschat, K.-D.*: Über fehlerhafte Fasern in Polyesterfaserstoffen 578

Homann, G., Winkler, F., und *Götze, W.*: Dichtebestimmung an Faserstoffen. III. Eigene Untersuchungen: Meßeinrichtung und Meßverfahren 80

Hornuff, G. von, und *Lenzer, M.*: Zur Kenntnis der Feinstrukturveränderungen von Polyacrylnitrilfaserstoffen im Rahmen textiler Veredlungsprozesse 1

—, und *Lenzer, M.*: Einwirkung von Jod auf Polyacrylnitrilfaserstoffe . 86

—, und *Grosse, I.*: Über Veränderung der Feinstruktur von Polyacrylnitrilfasern bei der Reckung und der thermischen Behandlung. 1. Mitteilung, 2. Mitteilung . . 309, 391

Hoyme, E., Casperson, G., Philipp, B., und *Jacopian, V.*: Zum Quellungsverhalten von Normalholz- und Zugholzfasern der Pappel . 61, 350

Jacobasch, H.-J.: Elektrokinetische Untersuchungen an Faserstoffen. . 191

—, und *Flath, H.-J.*: Zu den Ursachen der Trockenanschmutzung von Textilien 338

Jacopian, V., Casperson, G., Philipp, B., und *Hoyme, E.*: Zum Quellungsverhalten von Normalholz- und Zugholzfasern der Pappel . . 61, 350

Jaeger, W., Reinisch, G., und *Jakob, W.*: Quantitative Teilchenanalyse in Polycaprolactamlösungen (KM) 152

Jakob, W., Reinisch, G., und *Jaeger, W.*: Quantitative Teilchenanalyse in Polycaprolactamlösungen (KM) . 152

Jančařik, V., und *Kuniak, L.*: Untersuchung der chemischen Accessibilität und Eigenschaften der Viskosefaserstoffe 491

Joffe, Z., und *Rosner, T.*: Rheologische Untersuchungen an konzentrierten wäßrigen Lösungen von Polyvinylalkohol 472

Kaufmann, S.: Messung der Transmission von Elementarfäden aus Polyamid 6 und Polyester mit polarisierter Strahlung im ultravioletten Spektralbereich (KM) . . . 47

—: Treffertheoretische Analyse der Ergebnisse von Bestrahlungsversuchen mit ultravioletter und sichtbarer Strahlung (KM). 101

—; Filterwirkung von Titandioxid während der Strahlungseinwirkung auf Polyesterseide 149

—: Mikrohärtemessung an zylindrischen Fasern und Elementarfäden (KM) 197

—, *Dittmann, H., Henkel, H. Lochmüller, O.*, und *Richter, H.*: Dickstellen in gereckter Polyamidseide und ihre Entstehungsursachen. Teil 1: Das Erscheinungsbild der Dickstellen und die Theorie ihrer Entstehungsmöglichkeiten. Teil 2: Theorie und Modellversuche. Teil 4: Der Wasserhaushalt der Spinnspule 274, 278, 564

—, und *Landgraf, R.*: Untersuchungen mit einer Faserdreheinrichtung am Mikroskop. Teil 1: Apparatur und einige Anwendungen. Teil 2: Phänomenologische Theorie zu den Meßergebnissen von optisch zweiachsigen Elementarfäden . . . 442, 593

—: Einige Ergebnisse optischer Untersuchungen zur Fadenbildung und Kaltreckung von Polyamid 6 (KM) 499

Klimenkov, V. S., Serkov, A. T., Kudrjavcev, G. J., Serkova, L. A., und *Koževnikov, Ju. P.*: Untersuchung der Diffusionsvorgänge beim Erspinnen von Polyacrylnitrilfaserstoffen 125

Koževnikov, Ju. P., Serkov, A. T., Kudrjavcev, G. J., Klimenkov, V. S., und *Serkova, L. A.*: Untersuchung der Diffusionsvorgänge beim Erspinnen von Polyacrylnitrilfaserstoffen 125

Kučerová, M., und *Slávik, I.*: Zeitlicher Verlauf der Lacton- bzw. Esterbildung in Zellstoffen beim Absäuern und Trocknen (KM) 346

—, und *Slávik, I.*: Verlauf der Reaktion von Hydroxylaminlösungen mit Lactonen in Cellulosepräparaten (KM). 400

Kudrjavcev, G., Serkov, A. T., Klimenkov, V. S., Serkova, L. A., und *Koževnikov, Ju. P.*: Untersuchung der Diffusionsvorgänge beim Erspinnen von Polyacrylnitrilfaserstoffen 125

Kuniak, L., und *Jančařik, V.*: Untersuchung der chemischen Accessibilität und Eigenschaften der Viskosefaserstoffe 491

Landgraf, R., und *Kaufmann, S.*: Untersuchungen mit einer Faserdreheinrichtung am Mikroskop. Teil 1: Apparatur und einige Anwendungen. Teil 2: Phänomenologische Theorie zu den Meßergebnissen von optisch zweiachsigen Elementarfäden 442, 593

Langner, K.: Untersuchungen zur Hohlraumstruktur an Polyacrylnitrilfaserstoffen (KM) 597

Lenzer, M., und *Hornuff, G. von*: Zur Kenntnis der Feinstrukturveränderungen von Polyacrylnitrilfaserstoffen im Rahmen textiler Veredlungsprozesse 1

—, und *Hornuff, G. von*: Einwirkung von Jod auf Polyacrylnitrilfaserstoffe 86

Lidbrandt, O., und *Treiber, E.*: Zur Viskositätskorrigierung des Filterwertes von Viskosen (KM) 452

Linow, K.-J., Lukanoff, T., und *Philipp, B.*: Untersuchungen zur alkalischen Spaltung von Estern und Äthern der Cellulose in Gegenwart von Dimethylsulfoxid . . . 383

—, *Wulf, J.*, und *Philipp, B.*: Über die Extrapolation der Viskositätszahl von Hochpolymeren auf das Geschwindigkeitsgefälle Null . . . 521

Lochmüller, O., Dittmann, H., Henkel, H., Kaufmann, S., und *Richter, H.*: Dickstellen in gereckter Polyamidseide und ihre Entstehungsursachen. Teil 1: Das Erscheinungsbild der Dickstellen und die Theorie ihrer Entstehungsmöglichkeiten. Teil 2: Theorie und Modellversuche. Teil 4: Der Wasserhaushalt der Spinnspule . . . 274, 278, 564

Loth, F., Lukanoff, T., und *Philipp, B.*: Zur heterogenen Umsetzung von Cellulosefasern mit α-Chloracrylnitril 486

Lukanoff, T., Linow, K.-J., und *Philipp, B.*: Untersuchungen zur alkalischen Spaltung von Estern und Äthern der Cellulose in Gegenwart von Dimethylsulfoxid . . . 383

—, *Philipp, B.*, und *Loth, F.*: Zur heterogenen Umsetzung von Cellulosefasern mit α-Chloracrylnitril . 486

Mai, J., Nestler, H., und *Schneegaß, H.*: Über Anwendungsmöglichkeiten der Gas-Chromatographie und der IR-Spektroskopie für die Kontrolle des Herstellungsprozesses von Polyacrylnitrilfaserstoffen . . 539

Makschin, W., und *Ulbricht, J.*: Untersuchungen zur thermischen Verfärbung des Polyacrylnitrils. Messung der Verfärbung und Vorrichtung zur Prüfung der thermischen Beständigkeit von Polyacrylnitrilpulvern 98

—, und *Ulbricht, J.*: Untersuchungen zur thermischen Verfärbung des Polyacrylnitrils 170

—, und *Ulbricht, J.*: Untersuchungen zur thermischen Verfärbung des Polyacrylnitrils. Thermische Abspaltung von Blausäuren aus Polyacrylnitril 321

Michels, Ch., und *Pass, H.*: Beitrag zur Bestimmung des Gammawertes im spinnenden Faserkabel 77

—, und *Pass, H.*: Beitrag zur Bestimmung des Gelteilchengehaltes in Viskosen 434

Mieck, K.-P.: Dickstellen in gereckter Polyamidseide und ihre Entstehungsursachen. Teil 3: Modellversuche zum Einfluß der relativen Luftfeuchte auf die T-Masern-Intensität 285

—, und *Pilz, J.:* Der Einfluß der Heißnachreckung auf die Gebrauchseigenschaften von Polyamidcord 293

—, und *Pilz, J.:* Ein einfaches Verfahren zur Beurteilung der Haftkraft von Reifencord an Gummi (KM) 300

Müller, I., und *Weiß, W.:* Ermittlung der hydrothermischen Beständigkeit von Polyacrylnitrilfasern durch Bestimmung des Umwandlungspunktes zweiter Ordnung 267

Müller, U., und *Wiedemann, G.:* Über Eigenschaften thermisch-chemisch nachbehandelter Glasseidengewebe. III. Zur Adsorption von organofunktionellen Silanen und Chromkomplexverbindungen an Glasseide 10

Nestler, H., *Schneegaß, H.*, und *Mai, J.:* Über Anwendungsmöglichkeiten der Gas-Chromatographie und der IR-Spektroskopie für die Kontrolle des Herstellungsprozesses von Polyacrylnitrilfaserstoffen 539

Nestler, R., und *Urban, K.:* Zusammenhänge zwischen Betriebs- und Drehmomentverhalten bei Industrie-Doppelsteppstich-Schnellnähmaschinen 361

—, und *Falke, H.:* Die Veränderung der Festigkeitseigenschaften von Nähfäden beim Nähen auf Industrie-Nähmaschinen 587

Pass, H., und *Michels, Ch.:* Beitrag zur Bestimmung des Gammawertes im spinnenden Faserkabel 77

—, und *Michels, Ch.:* Beitrag zur Bestimmung des Gelteilchengehaltes in Viskosen 434

Pašteka, M., *Piklerová, A.*, und *Pikler, A.:* Oxydation der Allylcellulose 516

Peters, W., *Berger, W.*, *Dohrn, W.*, *Hartig, S.*, und *Rudolf, H.:* Herstellung und Eigenschaften chlormodifizierter Acrylfasern. 1. Mitt.: Modacrylfasern auf Basis binärer Acrylnitril/Vinylchlorid-Copolymerisate 467

Philipp, B., *Casperson, G.*, *Jacopian, V.*, und *Hoyme. E.:* Zum Quellungsverhalten von Normalholz- und Zugholzfasern der Pappel . . . 61, 350

—, *Dautzenberg, H.*, und *Schmiga, W.:* Zur Kinetik der Xanthogenatbildung und -zersetzung bei einigen niedermolekularen Alkoholen und einfachen Zuckern. Teil I: Versuchsmethodik sowie Ergebnisse zur Xanthogenierung. Teil II: Ergebnisse zur Xanthogenatzersetzung und zusammenfassende Diskussion 111, 350, 179

—, und *Dautzenberg, H.:* Versuche zur Herstellung von Natriumdithiocarbonat (KM) 151

Philipp, B., und *Dautzenberg, H.:* Zur Kinetik der Additionsreaktion zwischen CS_2 und verschiedenen Anionen unter besonderer Berücksichtigung ihrer Abhängigkeit von der Hydroxylionenkonzentration. . 213

—, *Schwager, G.*, *Wagner, M.*, und *Schleicher, H.:* Zum Einfluß der Nachreife auf den Partikelgehalt von Viskosen 333

—, *Lukanoff, T.*, und *Linow, K.-J.:* Untersuchungen zur alkalischen Spaltung von Estern und Äthern der Cellulose in Gegenwart von Dimethylsulfoxid 383

—, und *Wulf, K.:* Rheologische Untersuchungen an Spinnlösungen. 5. Mitt.: Zum Fließverhalten von Viskosespinnlösungen hoher Viskosität 417

—, *Lukanoff, T.*, und *Loth, F.:* Zur heterogenen Umsetzung von Cellulosefasern mit α-Chloracrylnitril . 486

—, *Linow, K.-J.* und *Wulf, K.:* Über die Extrapolation der Viskositätszahl von Hochpolymeren auf das Geschwindigkeitsgefälle Null . . . 521

—, *Dautzenberg, H.*, und *Schmiga, W.:* Kinetische Untersuchungen zur Xanthogenatbildung und -zersetzung bei chemisch modifizierten Cellulosen und bei Hemicellulosen . 573

Pikler, A., *Piklerová, A.*, und *Pašteka, M.:* Oxydation der Allylcellulose 516

Piklerová, A., *Pašteka, M.*, und *Pikler, A.:* Oxydation der Allylcellulose 516

Pilz, J., und *Mieck, K.-P.:* Der Einfluß der Heißnachreckung auf die Gebrauchseigenschaften von Polyamidcord. 293

—, und *Mieck, K.-P.:* Ein einfaches Verfahren zur Beurteilung der Haftkraft von Reifencord an Gummi (KM) 300

Poller, S.: Zur Methodik der Polymerisationsgradbestimmung an Cellulosenitraten. Teil II. Geschwindigkeitsgefälle, Konzentration, Substitutionsgrad, Polymerisationsgradberechnung, Fehlerkritik . . . 71

—: Über die Veränderung der Polymerisationsgradverteilung von Fichtenholzcellulose bei zunehmendem Abbaugrad 137

Praeger, K., *Bröcker, W.*, und *Raue, I.:* Die Bestimmung des Mattierungsmittelgehaltes in Titandioxidsuspensionen und mattiertem Polyamid 330

—, und *Dinse, H.-D.:* Eine neue Betriebskontrollmethode zur Wasserbestimmung in Polyäthylenterephthalat (KM). 449

Purz, H.-J., und *Gröbe, A.:* Mikroskopische Untersuchungen zur Struktur von Cellulosexanthogenatgelen. Teil II: Gelstrukturen durch zentripetale Diffusion von Elektrolyten 219

Rafler, G., *Reinisch, G.*, und *Zimmermann, H.:* Zur gravimetrisch-kinetischen Analyse der Polyäthylenterephthalatbildung im offenen System 225

Raue, I., *Praeger, K.*, und *Bröcker, W.:* Die Bestimmung des Mattierungsmittelgehaltes in Titandioxidsuspensionen und mattiertem Polyamid 330

Reichert, H., und *Gröbe, V.:* Zur Copolymerisation von Acrylnitril mit N-Allyl- und N-Methallyl-N-methylaminoäthansulfonaten . . . 131

—, und *Gröbe, V.:* Zur Copolymerisation von Acrylnitril mit N-Allylglycin und N-Allyl-β-alanin. 317

Reinisch, G., *Jakob, W.*, und *Jaeger, W.:* Quantitative Teilchenanalyse in Polycaprolactamlösungen (KM) 152

—, *Zimmermann, H.*, und *Rafler, G.:* Zur gravimetrisch-kinetischen Analyse der Polyäthylenterephthalatbildung im offenen System . . . 225

—, und *Gohlke, U.:* Zur analytischen Laborpolymerisation von Caprolactam. 463

—, und *Ulrich, H. H.:* Zur Reaktion von Polycaprolactamfäden mit Formaldehyd (KM) 549

Renger, J., *Schurz, J.*, *Uragg, H.*, *Gruber, E.*, und *Schmidt, K. H.:* Viskositätsmessungen an gelhaltigen Celluloselösungen 481

Richter, H., *Dittmann, H.*, *Henkel, H.*, *Kaufmann, S.*, und *Lochmüller, O.:* Dickstellen in gereckter Polyamidseide und ihre Entstehungsursachen. Teil 1. Das Erscheinungsbild der Dickstellen und die Theorie ihrer Entstehungsmöglichkeiten. Teil 2: Theorie und Modellversuche. Teil 4: Der Wasserhaushalt der Spinnspule 274, 278, 564

Rosner, T., und *Joffe, Z.:* Rheologische Untersuchungen an konzentrierten wäßrigen Lösungen von Polyvinylalkohol 472

Rothe, H.: Über Experimente zur Demonstration der Dehnungsverteilung an zugbeanspruchten Fördergurtprüfstäben 357

Rudolf, H., *Berger, W.*, *Dohrn, W.*, *Hartig, S.*, und *Peters, W.:* Herstellung und Eigenschaften chlormodifizierter Acrylfasern. 1. Mitt.: Modacrylfasern auf Basis binärer Acrylnitril/Vinylchlorid-Copolymerisate 467

Schaaf, E., und *Zimmermann, H.:* Zur thermischen Stabilität von Terephthalsäuredimethylester 185

Schilling, B., und *Teichgräber, M.:* Die übermolekulare Struktur hochpolymerer Verbindungen. Teil VI: Quantitativer Nachweis von Linienverbreiterungen im Röntgendiffraktogramm von Polypropylen. Teil VII: Röntgendiffraktometrische Bestimmung eines absoluten Kristallinitätsgrades an Polypropylen mittels eines Fourierverfahrens 163, 242

Schleicher, H., *Schwager, G.*, *Wagner, M.*, und *Philipp, B.*: Zum Einfluß der Nachreife auf den Partikelgehalt von Viskosen 333

Schmalz, E.-O., *Ahlers, K.-D.*, *Dielforder, H.*, *Grundke, H.*, und *Zuchold, H.*: Untersuchungen zur Trocknung von Polyamid-Granulat 42

—, und *Grundke, H.*: Diffusion von Wasser in Hochpolymeren . . 377

—: Bestimmung der Gleichgewichtskonstanten von Wasser in Hochpolymeren 533

Schmidt, K. H., *Schurz, J.*, *Uragg, H.*, *Renger, J.*, und *Gruber, E.*: Viskositätsmessungen an gelhaltigen Celluloselösungen 481

Schmiga, W., *Philipp, B.*, und *Dautzenberg: H.*: Zur Kinetik der Xanthogenatbildung und -zersetzung bei einigen niedermolekularen Alkoholen und einfachen Zuckern. Teil I. Versuchsmethodik sowie Ergebnisse zur Xanthogenierung. Teil II: Ergebnisse zur Xanthogenatzersetzung und zusammenfassende Diskussion 111, 350; 179

—, *Philipp, B.*, und *Dautzenberg, H.*: Kinetische Untersuchungen zur Xanthogenatbildung und -zersetzung bei chemisch modifizierten Cellulosen 573

Schneegaß, H., *Nestler, H.*, und *Mai, J.*: Über Anwendungsmöglichkeiten der Gas-Chromatographie und der IR-Spektroskopie für die Kontrolle des Herstellungsprozesses von Polyacrylnitrilfaserstoffen 539

Schroth, R.: Einfluß der Orientierung von Polyäthylenterephthalatfäden auf die Farbstoffaufnahme und die Strukturveränderungen während der Thermosolierung . . . 387

—: Einfluß der Spinnorientierung auf die Struktur und die Eigenschaften gereckter Polyäthylenterephthalatfäden 561

Schurz, J., *Uragg, H.*, *Renger, J.*, *Gruber, E.*, und *Schmidt, K. H.*: Viskositätsmessungen an gelhaltigen Celluloselösungen 481

Schwager, G., *Wagner, M.*, *Schleicher, H.*, und *Philipp, B.*: Zum Einfluß der Nachreife auf den Partikelgehalt von Viskosen 333

Sendner, H., *Zimmermann, K.*, *Büchner, R.*, und *Gründling, A.*: Inhomogenitäten in Buchensulfitzellstoff-Viskosen und ihr Einfluß auf den Spinnprozeß 438

Serkov, A. T., *Kudrjavcev, G. J.*, *Klimenkov, V. S.*, *Serkova, L. A.*, und *Koževnikov, Ju. P.*: Untersuchung der Diffusionsvorgänge beim Erspinnen von Polyacrylnitrilfaserstoffen 125

Serkova, L. A., *Serkov, A. T.*, *Kudrjavcev, G. J.*, *Klimenkov, V. S.*, und *Koževnikov, Ju. P.*: Untersuchung der Diffusionsvorgänge beim Erspinnen von Polyacrylnitrilfaserstoffen 125

Slávik, I., und *Kučerová, M.*: Zeitlicher Verlauf der Lacton- bzw. Esterbildung in Zellstoffen beim Absäuern und Trocknen (KM) . . 346

—, und *Kučerová, M.*: Verlauf der Reaktion von Hydroxylaminlösungen mit Lactonen in Cellulosepräparaten (KM) 400

Teichgräber, M., und *Schilling, B.*: Die übermolekulare Struktur hochpolymerer Verbindungen. Teil VI: Quantitativer Nachweis von Linienverbreiterungen im Röntgendiffraktogramm von Polypropylen. Teil VII: Röntgendiffraktometrische Bestimmung eines absoluten Kristallinitätsgrades an Polypropylen mittels eines Fourierverfahrens 163, 242

Teichmann, R., und *Voigtländer, G.*: Eine einfache Methode zur Bestimmung des Durchschnittspolymerisationsgrades von Polyacrylnitril in Pfropfcopolymeren mit Cellulose (KM) 348

—, und *Uhlig, E.*: Über die Initiierung der Pfropfpolymerisation von Acrylnitril auf Cellulose durch Mangan (IV) (KM) 451

Tomoschat, K.-D., und *Hoffrichter, S.*: Über fehlerhafte Fasern in Polyesterfaserstoffen 578

Treiber, E., und *Lidbrandt, O.*: Zur Viskositätskorrigierung des Filterwertes von Viskosen (KM) 452

Uhlig, E., und *Teichmann, R.*: Über die Initiierung der Pfropfpolymerisation von Acrylnitril auf Cellulose durch Mangan (IV) (KM) 451

Ulbricht, J., und *Makschin, W.*: Untersuchungen zur thermischen Verfärbung des Polyacrylnitrils. Messung der Verfärbung und Vorrichtung zur Prüfung der thermischen Beständigkeit von Polyacrylnitrilpulvern 98

—, und *Makschin, W.*: Untersuchungen zur thermischen Verfärbung des Polyacrylnitrils 170

—, und *Makschin, W.*: Untersuchungen zur thermischen Verfärbung des Polyacrylnitrils. Thermische Abspaltung von Blausäure aus Polyacrylnitril 321

Ulrich, H. H., und *Reinisch, G.*: Zur Reaktion von Polycaprolactamfäden mit Formaldehyd (KM) 549

Uragg, H., *Schurz, J.*, *Renger, J.*, *Gruber, E.*, und *Schmidt, K. H.*: Viskositätsmessungen an gelhaltigen Celluloselösungen 481

Urban, K., und *Nestler, R.*: Zusammenhänge zwischen Betriebs- und Drehmomentverhalten bei Industrie-Doppelsteppstich-Schnellnähmaschinen 361

Voigtländer, G., und *Teichmann, R.*: Eine einfache Methode zur Bestimmung des Durchschnittspolymerisationsgrades von Polyacrylnitril in Pfropfcopolymeren mit Cellulose (KM) 348

Wagner, M., *Schwager, G.*, *Schleicher, H.*, und *Philipp, B.*: Zum Einfluß der Nachreife auf den Partikelgehalt von Viskosen 333

Weiß, W., und *Müller, I.*: Ermittlung der hydrothermischen Beständigkeit von Polyacrylnitrilfasern durch Bestimmung des Umwandlungspunktes zweiter Ordnung . . 267

Wiedemann, G., und *Müller, U.*: Über Eigenschaften thermisch-chemisch nachbehandelter Glasseidengewebe. III. Zur Adsorption von organofunktionellen Silanen und Chromkomplexverbindungen an Glasseide 10

Winkler, F., *Homann, G.*, und *Götze, W.*: Dichtebestimmung an Faserstoffen. III. Eigene Untersuchungen: Meßeinrichtung und Meßverfahren 80

—, und *Bauer, A.*: Dynamische Zugprüfung von Fäden. XI. Kritische Betrachtungen zum Begriff Tangentenmodul. XII. Zuordnung der in der Literatur gefundenen Modul-Begriffe zur Systematik der Tangenten- und Sekantenmoduli . . 141, 368

—: Zur Toleranz der Vorspannkräfte und deren ökonomisch optimaler Berücksichtigung in der Textilprüfung 249

Wulf, K., und *Philipp, B.*: Rheologische Untersuchungen an Spinnlösungen. 5. Mitt.: Zum Fließverhalten von Viskosespinnlösungen hoher Viskosität 417

—, *Linow, K.-J.*, und *Philipp, B.*: Über die Extrapolation der Viskositätszahl von Hochpolymeren auf das Geschwindigkeitsfälle Null 521

Zimmermann, H., und *Schaaf, E.*: Zur thermischen Stabilität von Terephthalsäuredimethylester . . 185

—, *Reinisch, G.*, und *Rafler, G.*: Zur gravimetrisch-kinetischen Analyse der Polyäthylenterephthalatbildung im offenen System 225

Zimmermann, K., *Sendner, H.*, *Büchner, R.*, und *Gründling, A.*: Inhomogenitäten in Buchensulfitzellstoff-Viskosen und ihr Einfluß auf den Spinnprozeß 438

Zuchold, H., *Schmalz, E.-O.*, *Ahlers, K.-D.*, *Dielforder, H.*, und *Grundke, H.*: Untersuchungen zur Trocknung von Polyamid-Granulat 42

Sachverzeichnis

Abbaugrad, Über die Veränderung der Polymerisationsgradverteilung von Fichtenholzcellulose bei zunehmendem — 137

Absäuern, Zeitlicher Verlauf der Lacton- bzw. Esterbildung in Zellstoffen beim — und Trocknen (KM) 346

Abspaltung, Thermische — von Blausäure aus Polyacrylnitril. (Untersuchungen zur thermischen Verfärbung des Polyacrylnitrils) . . . 321

Accessibilität, Untersuchung der chemischen — und Eigenschaften der Viskosefaserstoffe 491

Acrylnitril, Über die Initiierung der Pfropfpolymerisation von — auf Cellulose durch Mangan (IV) (KM) 451

Acrylnitril, Zur Copolymerisation von — mit N-Allylglycin und N-Allyl-β-alanin 317

Acrylnitril, Zur Copolymerisation von — mit N-Allyl- und N-Methallyl-N-methylaminoäthansulfonaten 131

Acrylnitril/Methylacrylat-Copolymerisaten, Vergleich der Struktur und des Farbstoffaufnahmevermögens von Fäden aus Polyacrylnitril und — 231

Acrylnitril/Vinylchlorid-Copolymerisate, Modacrylfasern auf Basis binärer —. (Herstellung und Eigenschaften chlormodifizierter Acrylfasern. 1. Mitt.) 467

Additionsreaktion, Zur Kinetik der — zwischen CS_2 und verschiedenen Anionen unter besonderer Berücksichtigung ihrer Abhängigkeit von der Hydroxylionenkonzentration . 213

Äthern, Untersuchungen zur alkalischen Spaltung von Estern und — der Cellulose in Gegenwart von Dimethylsulfoxid 383

Alkalischen Spaltung, Untersuchungen zur — von Estern und Äthern der Cellulose in Gegenwart von Dimethylsulfoxid 383

Alkoholen, Zur Kinetik der Xanthogenatbildung und -zersetzung bei einigen niedermolekularen — und einfachen Zuckern. Teil I. Teil II 111, 350; 179

N-Allyl-, Zur Copolymerisation von Acrylnitril mit — und N-Methallyl-N-methylaminoäthansulfonaten . . 131

N-Allyl-β-alanin, Zur Copolymerisation von Acrylnitril mit N-Allylglycin und — 317

Allylcellulose, Oxydation der — . 516

N-Allylglycin, Zur Copolymerisation von Acrylnitril mit — und N-Allyl-β-alanin 317

Ammoniumsulfatlösungen, Die Struktur von Gelfäden, koaguliert in —. (Elektronenmikroskopische Untersuchungen an Ultradünnschnitten von Celluloseregeneratfäden. Teil II.) 425

Analyse, Zur gravimetrisch-kinetischen — der Polyäthylenterephthalatbildung im offenen System . . . 225

Analytischen Laborpolymerisation, Zur — von Caprolactam 463

Anionen, Zur Kinetik der Additionsreaktion zwischen CS_2 und verschiedenen — unter besonderer Berücksichtigung ihrer Abhängigkeit von der Hydroxylionenkonzentration 213

Anschmutzung, Zu den Ursachen der Trocken- — von Textilien . . . 338

Aufpfropfen, Modifizierung von Polyamidfaserstoffen durch strahlenchemisch initiiertes — von Styrol 21

Beständigkeit, Ermittlung der hydrothermischen — von Polyacrylnitrilfasern durch Bestimmung des Umwandlungspunktes zweiter Ordnung 267

Bestrahlung, Zur Kenntnis der Eigenschaftsänderungen von Viskosefasern nach — mit beschleunigten Elektronen und thermischer Nachbehandlung 495

Bestrahlungsversuchen, Treffertheoretische Analyse der Ergebnisse von — mit ultravioletter und sichtbarer Strahlung (KM) 101

Betriebs-, Zusammenhänge zwischen — und Drehmomentverhalten bei Industrie-Doppelsteppstich-Schnellnähmaschinen 361

Betriebskontrollmethode, Eine neue — zur Wasserbestimmung in Polyäthylenterephthalat (KM) 449

Blausäure, Thermische Abspaltung von — aus Polyacrylnitril. (Untersuchungen zur thermischen Verfärbung des Polyacrylnitrils) 321

Bogenzahl, Die —, eine notwendige Größe zur Beschreibung der Kräuselung? 259

Buchensulfitzellstoff, Inhomogenitäten in — -Viskosen und ihr Einfluß auf den Spinnprozeß 438

Buchenzellstoffen, Zur Quellung von — in 19,5%iger Natronlauge bei Temperaturen zwischen 20 und 70°C (KM) 102

Bücher, Neue:

Kamal, M. R.: Weatherability of Plastic Materials (*Winkler*) . . . 53

Mark, H. F., Atlas, S. M., und *Cernia, E.*: Man-Made Fibers: Science and Technology. Vol. II. (*Schmiedeknecht*) 53

Voigt, J.: Die Stabilisierung der Kunststoffe gegen Licht und Wärme (*Makschin*) 104

Middleman, St.: The Flow of High Polymers. Continuum and Molecular Rheology (*Wulf*) 104

Fester, W., und *Küppers, P.*: Verfahren zur Messung der Gleichmäßigkeit von Geweben (*Winkler*) 104

Schmitz, J. V., und *Brown, W. E.*: Testing of Polymers. Vol. 3 (*Winkler*) 154

Funder, A., *Griese, H.*, und *Heim, H.*: Dickstellen in Leinengarnen. I. II. (*Fuchs*) 155

Beckert, M.: Wissensspeicher für Technologen. Mathematik, Physik, Chemie (*Martin*). 155

Reimer, L.: Elektronenmikroskopische Untersuchungs- und Präparationsmethoden (*Ruscher*) . . 155

Gewebetechnik (*Rothe*) 201

Solution Properties of Natural Polymers (*Linow*) 202

Griese, H.: Untersuchung zur rationellen Verarbeitung von Leinengarnen (*Rothe*) 202

Knapp, O.: Glasfasern (*Barthel*) 202

Patterson, D.: Pigments. An Introduction of their Physical Chemistry (*Schmiedeknecht*) . . . 203

Fettes, E. M.: Polymer Reactions (*Herma*) 203

Schmidt, H.: Untersuchungen an einer Versuchs-Muldenmangel zur Erreichung optimaler Betriebsbedingungen und Wäscheschonung (*Schwarzkopf*) 203

Stein, H.: Testfadenmessung zur indirekten Ermittlung während der Verarbeitungsprozesse auftretender Fadenspannungen (*Hofmann*) 204

Macromolecular Chemistry 2. (*Reinisch*) 204

Ulrich, H. M.: Handbuch der chemischen Untersuchung der Textilfaserstoffe. IV. Bd., 2. Teil (*Hirsch*) 204

Gotkin, L. G., und *Goldstein, L. S.*: Grundkurs in Statistik — ein programmiertes Lehrbuch in zwei Bänden. Bd. 1. Bd. 2. (*Winkler*) 301

Scherzberg, H.: Texturierte Garne (*Mally*) 302

Williams, D. H., und *Fleming, I.*: Spektroskopische Methoden in der organischen Chemie (*Dechant*) 303

Advances in Polymer Science and Technology (*Makschin*) 303

Wegener, W., und *Tönneßen, G.*: Die Haarigkeitsbestimmung von Garnen (*Langer*) 348

Wegener, W., und *Guse, R.*: Vergleich von Meßkondensatoren unterschiedlicher Bauart für die kapazitive Bestimmung der Ungleichmäßigkeit von Faserverbänden (*Beyreuther*) 349

Macromolecular Reviews. Vol. 3 (*Herma*) 349

Kollmann, F. F. P., und *Côté jr., W. A.*: Principles of Wood Science and Technology. I. Solid Wood (*Casperson*) 349

Lenz, D., *Merten, R.*, und *Kreipe, H.*: Zur Entwicklung von Prüfmethoden für die Bestimmung der Pflegesymbole „Chemisch Reinigen“ (*Flath*) 350

Gold, V.: Advances in Physical Organic Chemistry. Vol. 5 (*Jaeger*) 401

Gold, V.: Advances in Physical Organic Chemistry. Vol. 6 (*Jaeger*) 402

Grundlagen der Gewebetechnik (*Rothe*) 402

Ehlert, J.: Das Färben von Polyester- und Polyacrylnitril-Fasern (*Hirsch*) 403

Mark, H. F., *Gaylord, N. G.*, und *Bikales, N. M.*: Encyclopedia of Polymer Science and Technology. Plastics, Resins, Rubbers, Fibers. Vol. 8 (*V. Gröbe*) 403

Crank, J., und *Park, G. S.*: Diffusion in Polymers (*Fritzsche*) . . . 453

Ravve, A.: Organic chemistry of macromolecules (*Makschin*) . . 453

Wegener, W., und *Feier, G.*: Meßtechnische Ermittlung der Autokorrelationsfunktion von Faserlängsverbänden (*Beyreuther*) . . 454

Stein, H., *Stein, W.*, und *Erkens, A.*: Einsatz des Doppeldraht-Zwirnverfahrens bei der Verarbeitung von Fasergarnen (*Fuchs*) 454

Tsoumis, G.: Wood as raw material (*Casperson*) 454

Braun, D.: Chemische Reaktionen bei der Verarbeitung von plastischen Kunststoffen (*Dietrich*) 455

Mark, H. F., *Atlas, S. M.*, und *Cernia, E.*: Man-Made Fibers: Science and Technology. Vol. III (*Reichert*) 455

Dawydoff, W., und *Howorka, H.*: Technik-Wörterbuch „Hochpolymere" (*Gehrke*) 500

Marchessault, R. H., und *Skaar, Ch.*: Surfaces and Coatings related to Paper and Wood (*Goebel*) 500

Valk, G.: Über die Reaktion von Chlor, Natriumsulfit und Natriumdithionit mit Wollkeratin (*Petzold*) 501

Hartmann, W.: Meßverfahren unter Anwendung ionisierender Strahlen (Handbuch der Meßtechnik. Bd. V.) (*Heger*) 501

Lemon, H.: How to find out about the Wool Textile Industry (*Vollrath*) 502

Hölscher, F.: Dispersionen synthetischer Hochpolymerer. Teil 1 (*Herma*) 502

Reinhard, H.: Dispersionen synthetischer Hochpolymerer. Teil 2 (*Herma*) 502

Tobolsky, A. V.: Mechanische Eigenschaften und Struktur von Polymeren (*Reinisch*) 503

Bruins, P. F.: Expoxy Resin Technology (*Reichert*) 503

Terent'ev, A. P., und *Körbl, J.*: Methods in Microanalysis. Vol. II (*Bartels*) 553

Michelson, D. O.: Fachwörterbuch Textil. Deutsch-Englisch/Englisch-Deutsch (*Schreiber*) . . 553

Wagner, E.: Die textilen Rohstoffe (*Bobeth*) 553

Winter, J. H.: Die Synthese von einheitlichen Polymeren (*Fritzsche*) 554

Stuart, H. A.: Molekülstruktur (*Ruscher*) 554

Fachwörterbuch Textil. Deutsch-Französisch/Französisch-Deutsch (*Dawydoff*) 554

Stratmann, M.: Verfahren zur Erkennung und Unterscheidung von Chemiefaserstoffen. V. (*Duwe*) 554

Bernard, W.: Druck von Textilien. Mechanische und chemische Technologie (*Hirsch*) 600

Bruins, P. F.: Polyurethane Technology (*Dietrich*) 600

Henrici-Olivé, G., und *Olivé, S.*: Polymerisation. Katalyse — Kinetik — Mechanismen (*Philipp*) 600

Caprolactam, Zur analytischen Laborpolymerisation von —. . . . 463

Cellulose, Eine einfache Methode zur Bestimmung des Durchschnittspolymerisationsgrades von Polyacrylnitril in Pfropfcopolymeren mit — (KM) 348

Cellulose, Über die Initiierung der Pfropfpolymerisation von Acrylnitril auf — durch Mangan (IV) (KM) 451

Cellulose, Untersuchungen zur alkalischen Spaltung von Estern und Äthern der — in Gegenwart von Dimethylsulfoxid 383

Cellulosefasern, Zur heterogenen Umsetzung von — mit α-Chloracrylnitril 486

Celluloselösungen, Viskositätsmessungen an gelhaltigen — 481

Cellulosen, Kinetische Untersuchungen zur Xanthogenatbildung und -zersetzung bei chemisch modifizierten — und bei Hemicellulosen 573

Cellulosenitraten. Zur Methodik der Polymerisationsgradbestimmung an —. Teil II 71

Cellulosepräparaten, Verlauf der Reaktion von Hydroxylaminlösungen mit Lactonen in — (KM) 400

Celluloseregeneratfäden, Elektronenmikroskopische Untersuchungen an Ultradünnschnitten von —. Teil I. Teil II 118, 425

Cellulosexanthogenatgelen, Mikroskopische Untersuchungen zur Struktur von —. Teil II 219

Chemischen Accessibilität, Untersuchung der — und Eigenschaften der Viskosefaserstoffe 491

α-Chloracrylnitril, Zur heterogenen Umsetzung von Cellulosefasern mit — 486

Chlormodifizierter Acrylfasern, Herstellung und Eigenschaften —. 1. Mitt. 467

Chromkomplexverbindungen, Zur Adsorption von organofunktionellen Silanen und — an Glasseide. (Über Eigenschaften thermisch-chemisch nachbehandelter Glasseidengewebe. III.) 10

Copolymerisation, Zur — von Acrylnitril mit N-Allyl- und N-Methallyl-N-methylaminoäthansulfonaten 131

Copolymerisation, Zur — von Acrylnitril mit N-Allylglycin und N-Allyl-β-alanin 317

CS_2, Zur Kinetik der Additionsreaktion zwischen — und verschiedenen Anionen unter besonderer Berücksichtigung ihrer Abhängigkeit von der Hydroxylionenkonzentration 213

Dehnungsverteilung, Über Experimente zur Demonstration der — an zugbanspruchten Fördergurtprüfstäben 357

Dichtebestimmung an Faserstoffen. III. 80

Dickstellen in gereckter Polyamidseide und ihre Entstehungsursachen. Teil 1. 2. 3. 4. . . . 274, 278, 285, 564

Differentialkalorimetrischen Messungen, Ein Iterationsverfahren zur Berechnung von Umwandlungswärmen aus — an hochpolymeren Festkörpern 529

Diffusion von Wasser in Hochpolymeren 377

Diffusionsvorgänge, Untersuchung der — beim Erspinnen von Polyacrylnitrilfaserstoffen 125

Dimethylsulfoxid, Untersuchungen zur alkalischen Spaltung von Estern und Äthern der Cellulose in Gegenwart von — 383

Doppelsteppstich-Schnellnähmaschinen, Zusammenhänge zwischen Betriebs- und Drehmomentverhalten bei Industrie- — 361

Drehmomentverhalten, Zusammenhänge zwischen Betriebs- und — bei Industrie-Doppelsteppstich-Schnellnähmaschinen 361

Durchschnittspolymerisationsgrades, Eine einfache Methode zur Bestimmung des — von Polyacrylnitril in Pfropfcopolymeren mit Cellulose (KM) 348

Dynamische Zugprüfung von Fäden. XI. XII. 141, 368

Eigenschaften, Einfluß der Spinnorientierung auf die Struktur und die — gereckter Polyäthylenterephthalatfäden 387

Eigenschaften, Untersuchung der chemischen Accessibilität und — der Viskosefaserstoffe 491

Eigenschaftsänderungen, Zur Kenntnis der — von Viskosefasern nach Bestrahlung mit beschleunigten Elektronen und thermischer Nachbehandlung 495

Elektrokinetische Untersuchungen an Faserstoffen 191

Elektrolyten, Gelstrukturen durch zentripetale Diffusion von —. (Mikroskopische Untersuchungen zur Struktur von Celluloselosexanthogenatgelen. Teil II) 219

Elektronen, Zur Kenntnis der Eigenschaftsänderungen von Viskosefasern nach Bestrahlung mit beschleunigten — und thermischer Nachbehandlung 495

Elektronenmikroskopische Untersuchungen an Ultradünnschnitten von Celluloseregeneratfäden. Teil I. Teil II 118, 425

Elementarfäden, Mikrohärtemessung an zylinderischen Fasern und — (KM) 197

Erspinnen, Untersuchung der Diffusionsvorgänge beim — von Polyacrylnitrilfaserstoffen 125

Esterbildung, Zeitlicher Verlauf der Lacton- bzw — in Zellstoffen beim Absäuern und Trocknen (KM) . . 346

Estern, Untersuchungen zur alkalischen Spaltung von — und Äthern der Cellulose in Gegenwart von Dimethylsulfoxid 383

Extrapolation, Über die — der Viskositätszahl von Hochpolymeren auf das Geschwindigkeitsgefälle Null 521

Fadenbildung, Einige Ergebnisse optischer Untersuchungen zur — und Kaltreckung von Polyamid 6 (KM) 499

Fällbäder, Einfluß des pH-Wertes wäßriger — auf die Eigenschaften naßgesponnener Polyacrylnitrilfäden 30, 350

Farbstoffaufnahme, Einfluß der Orientierung von Polyäthylenterephthalatfäden auf die — und die Strukturveränderungen während der Thermosolierung 387

Farbstoffaufnahmevermögens, Vergleich der Struktur und des — von Fäden aus Polyacrylnitril und Acrylnitril/Methylacrylat-Copolymerisaten 231

Faserdreheinrichtung, Untersuchungen mit einer — am Mikroskop. Teil 1. Teil 2 . . . . 442, 593

Faserkabel, Beitrag zur Bestimmung des Gammawertes im spinnenden —. 77

Faserstoffen, Dichtebestimmung an —. III.. 80

Faserstoffen, Elektrokinetische Untersuchungen an — 191

Fehlerhafte Fasern, Über — in Polyesterfaserstoffen 578

Feinstruktur, Über Veränderung der — von Polyacrylnitrilfasern bei der Reckung und der thermischen Behandlung. 1. Mitt. 2. Mitt. 309, 391

Feinstrukturveränderungen, Zur Kenntnis der — von Polyacrylnitrilfaserstoffen im Rahmen textiler Veredlungsprozesse 1

Festigkeitseigenschaften, Die Veränderung der — von Nähfäden beim Nähen auf Industrie-Nähmaschinen 587

Fichtenholzcellulose, Über die Veränderung der Polymerisationsgradverteilung von — bei zunehmendem Abbaugrad 137

Filterwertes, Zur Viskositätskorrigierung des — von Viskosen (KM) . 452

Filterwirkung von Titandioxid während der Strahlungseinwirkung auf Polyesterseide 149

Fließverhalten, Zum — von Viskosespinnlösungen hoher Viskosität. (Rheologische Untersuchungen an Spinnlösungen. 5. Mitt.). . . . 417

Fördergurtprüfstäben, Über Experimente zur Demonstration der Dehnungsverteilung an zugbeanspruchten —. 357

Formaldehyd, Zur Reaktion von Polycaprolactamfäden mit — (KM) 549

Gammawertes, Beitrag zur Bestimmung des — im spinnenden Faserkabel 77

Gas-Chromatographie, Über Anwendungsmöglichkeiten der — und der IR-Spektroskopie für die Kontrolle des Herstellungsprozesses von Polyacrylnitrilfaserstoffen 539

Gebrauchseigenschaften, Der Einfluß der Heißnachreckung auf die — von Polyamidcord 293

Gelhaltigen Celluloselösungen, Viskositätsmessungen an — 481

Gelstruktur durch zentripetale Diffusion von Elektrolyten. (Mikroskopische Untersuchungen. zur Struktur von Cellulosexanthogenatgelen. Teil II) 219

Gelteilchengehaltes, Beitrag zur Bestimmung des — in Viskosen . . . 434

Geschwindigkeitsgefälle, Über die Extrapolation der Viskositätszahl von Hochpolymeren auf das — Null 521

Geschwindigkeitsgefälle, Konzentration, Substitutionsgrad, Polymerisationsgradberechnung, Fehlerkritik. (Zur Methodik der Polymerisationsgradbestimmung an Cellulosenitraten, Teil II) 71

Gewebebildung, Theoretische Betrachtungen zur — 509

Glasseidengewebe, Über Eigenschaften thermisch-chemisch nachbehandelter —. III. 10

Gleichgewichtskonstanten, Bestimmung der — von Wasser in Hochpolymeren 533

Granulat, Untersuchungen zur Trocknung von Polyamid- — 42

Gravimetrisch-kinetischen Analyse, Zur — der Polyäthylenterephthalatbildung im offenen System 225

Gummi, Ein einfaches Verfahren zur Beurteilung der Haftkraft von Reifencord an — 300

Haftkraft, Ein einfaches Verfahren zur Beurteilung der — von Reifencord an Gummi 300

Heißnachreckung, Einfluß der — auf die Gebrauchseigenschaften von Polyamidcord. 293

Hemicellulosen. Kinetische Untersuchungen zur Xanthogenatbildung und -zersetzung bei chemisch modifizierten Cellulosen und bei —. 573

Herstellungsprozesses, Über Anwendungsmöglichkeiten der Gas-Chromatographie und der IR-Spektroskopie für die Kontrolle des — von Polyacrylnitrilfaserstoffen . . 539

Heterogenen Umsetzung, Zur — von Cellulosefasern mit α-Chloracrylnitril 486

Hochpolymeren, Bestimmung der Gleichgewichtskonstanten von Wasser in — 533

Hochpolymeren, Diffusion von Wasser in — 377

Hochpolymeren, Über die Extrapolation der Viskositätszahl von — auf das Geschwindigkeitsgefälle Null 521

Hochpolymeren Festkörpern, Ein Iterationverfahren zur Berechnung von Umwandlungswärmen aus differentialkalorimetrischen Messungen an — 529

Hohlraumstruktur, Untersuchungen zur — an Polyacrylnitrilfaserstoffen (KM) 597

Hydroxylaminlösungen, Verlauf der Reaktion von — mit Lactonen in Cellulosepräparaten (KM) 400

Hydroxylionenkonzentration, Zur Kinetik der Additionsreaktion zwischen CS_2 und verschiedenen Anionen unter besonderer Berücksichtigung ihrer Abhängigkeit von der — 213

Hydrothermischen Beständigkeit, Ermittlung der — von Polyacrylnitrilfasern durch Bestimmung des Umwandlungspunktes zweiter Ordnung 267

Industrie-Doppelsteppstich-Schnellnähmaschinen, Zusammenhänge zwischen Betriebs- und Drehmomentverhalten bei —. 361

Industrie-Nähmaschinen, Die Veränderung der Festigkeitseigenschaften von Nähfäden beim Nähen auf — 587

Inhomogenitäten in Buchensulfitzellstoff-Viskosen und ihr Einfluß auf den Spinnprozeß 438

Initiierung, Über die — der Pfropfpolymerisation von Acrylnitril auf Cellulose durch Mangan (IV) (KM) 451

IR-Spektroskopie, Über Anwendungsmöglichkeiten in der Gas-Chromatographie und der — für die Kontrolle des Herstellungsprozesses von Polyacrylnitrilfaserstoffen 539

Iterationsverfahren, Ein — zur Berechnung von Umwandlungswärmen aus differentialkalorimetrischen Messungen an hochpolymeren Festkörpern 529

Jod, Einwirkung von — auf Polyacrylnitrilfaserstoffe 86

Kaltreckung, Einige Ergebnisse optischer Untersuchungen zur Fadenbildung und — von Polyamid 6 (KM) 499

Kinetik, Zur — der Xanthogenatbildung und -zersetzung bei einigen niedermolekularen Alkoholen und einfachen Zuckern. Teil I. Teil II 111, 350; 179

Kinetische Untersuchungen zur Xanthogenatbildung und -zersetzung bei chemisch modifizierten Cellulosen und bei Hemicellulosen . 573

Kräuselung, Die Bogenzahl, eine notwendige Größe zur Beschreibung der —? 259

Kristallinitätsgrades, Röntgendiffraktometrische Bestimmung eines absoluten — an Polypropylen mittels eines Fourierverfahrens. (Die übermolekulare Struktur hochpolymerer Verbindungen. Teil VII) . . 242

Lacton, Zeitlicher Verlauf der — - bzw. Esterbildung in Zellstoffen beim Absäuern und Trocknen (KM) 346

Lactonen, Verlauf der Reaktion von Hydroxylaminlösungen mit — in Cellulosepräparaten (KM) 400

Linearer, Einfluß der Lösungsmittelgüte auf das Verhalten — und verzweigter Makromoleküle in Lösung 409

Linienverbreiterungen, Quantitativer Nachweis von — im Röntgendiffraktogramm von Polypropylen. (Die übermolekulare Struktur hochpolymerer Verbindungen. Teil VI.) 163

Literaturschau 57, 107, 159 207, 255, 305, 353, 405, 457, 506, 557, 603

Lösungen, Rheologische Untersuchungen an konzentrierten wäßrigen — von Polyvinylalkohol . . 472

Lösungsmittelgüte, Einfluß der — auf das Verhalten linearer und verzweigter Makromoleküle in Lösung . 409

Luftfeuchte, Modellversuche zum Einfluß der relativen — auf die T-Masern-Intensität. (Dickstellen in gereckter Polyamidseide und ihre Entstehungsursachen. Teil 3) . . . 285

Makromoleküle, Einfluß der Lösungsmittelgüte auf das Verhalten linearer und verzweigter — in Lösung 409

Mangan (IV), Über die Initiierung der Pfropfpolymerisation von Acrylnitril auf Cellulose durch — (KM) 451

Manometrischen, Zur — Wasserbestimmung in Polyamidschnitzeln (KM) 198

Masern, Modellversuche zum Einfluß der relativen Luftfeuchte auf die T- — -Intensität. (Dickstellen in gereckter Polyamidseide und ihre Entstehungsursachen. Teil 3) . . 285

Mattiertem Polyamid, Die Bestimmung des Mattierungsmittelgehaltes in Titandioxidsuspensionen und — 330

Mattierungsmittelgehaltes, Die Bestimmung des — in Titandioxidsuspensionen und mattiertem Polyamid 330

N-Methallyl-N-methylaminoäthansulfonaten, Zur Copolymerisation von Acrylnitril mit N-Allyl- und — 131

Methylacrylat, Vergleich der Struktur und des Farbstoffaufnahmevermögens von Fäden aus Polyacrylnitril und Acrylnitril / —-Copolymerisaten 231

Mikrohärtemessung an zylindrischen Fasern und Elementarfäden (KM) 197

Mikroskop, Untersuchungen mit einer Faserdreheinrichtung am —. Teil 1. Teil 2 . . . . 442, 593

Mikroskopische Untersuchungen zur Struktur von Cellulosexanthogenatgelen. Teil II 219

Modacrylfasern auf Basis binärer Acrylnitril/Vinylchlorid-Copolymerisate. (Herstellung und Eigenschaften chlormodifizierter Acrylfasern. 1. Mitt.) 467

Modifizierung von Polyamidfaserstoffen durch strahlenchemisch initiiertes Aufpfropfen von Styrol . . 21

Modul-Begriffe, Zuordnung der in der Literatur gefundenen — zur Systematik der Tangenten- und Sekantenmoduli. (Dynamische Zugprüfung von Fäden. XII.) 368

Nachbehandelter, Über Eigenschaften thermisch-chemisch — Glasseidengewebe. III. 10

Nachreife, Zum Einfluß der — auf den Partikelgehalt von Viskosen . 333

Nachrichten 53, 205 211, 350, 409, 461, 550

Nähfäden, Die Veränderung der Festigkeitseigenschaften von — beim Nähen auf Industrie-Nähmaschinen 587

Nähmaschinen, Zusammenhänge zwischen Betriebs- und Drehmomentverhalten bei Industrie-Doppelsteppstich-Schnell- —. 361

Naßgesponnener Polyacrylnitrilfäden, Einfluß des pH-Wertes wäßriger Fällbäder auf die Eigenschaften — 30, 350

Natriumdithiocarbonat, Versuche zur Herstellung von — (KM) . . . 151

Natronlauge, Zur Quellung von Buchenzellstoffen in 19,5%iger — bei Temperaturen zwischen 20 und 70 °C (KM) 102

Normalholz, Zum Quellungsverhalten von — und Zugholzfasern der Pappel 61, 350

Ökonomisch optimaler Berücksichtigung, Zur Toleranz der Vorspannkräfte und deren — in der Textilprüfung 249

Offenen System, Zur gravimetrisch-kinetischen Analyse der Polyäthylenterephthalatbildung im — . . . 225

Optischer Untersuchungen, Einige Ergebnisse — zur Fadenbildung und Kaltreckung von Polyamid 6 (KM) . 499

Optisch zweiachsigen Elementarfäden, Phänomenologische Theorie zu den Meßergebnissen von —. (Untersuchungen mit einer Faserdreheinrichtung am Mikroskop. Teil 2) 593

Oxydation der Allylcellulose . . . 516

Pappel, Zum Quellungsverhalten von Normalholz- und Zugholzfasern der — 61, 350

Partikelgehalt, Zum Einfluß der Nachreife auf den — von Viskosen . 333

Patentschau 55, 105, 156, 205 253, 303, 351, 403, 455, 504, 555, 601

pH-Wertes, Einfluß des — wäßriger Fällbäder auf die Eigenschaften naßgesponnener Polyacrylnitrilfäden 30, 350

Polarisierter Strahlung, Messung der Transmission von Elementarfäden aus Polyamid 6 und Polyester mit — im ultravioletten Spektralbereich (KM) 47

Polyacrylnitril, Eine einfache Methode zur Bestimmung des Durchschnittspolymerisationsgrades von — in Pfropfcopolymeren mit Cellulose (KM) 348

Polyacrylnitril, Vergleich der Struktur und des Farbstoffaufnahmevermögens von Fäden aus — und Acrylnitril/Methylacrylat-Copolymerisaten 231

Polyacrylnitrilfäden, Einfluß des pH-Wertes wäßriger Fällbäder auf die Eigenschaften naßgesponnener — 30, 350

Polyacrylnitrilfasern, Ermittlung der hydrothermischen Beständigkeit von — durch Bestimmung des Umwandlungspunktes zweiter Ordnung 267

Polyacrylnitrilfasern, Über Veränderung der Feinstruktur von — bei der Reckung und der thermischen Behandlung. 1. Mitt. 2. Mitt. . 309, 391

Polyacrylnitrilfaserstoffe, Einwirkung von Jod auf — 86

Polyacrylnitrilfaserstoffen, Über Anwendungsmöglichkeiten der Gas-Chromatographie und der IR-Spektroskopie für die Kontrolle des Herstellungsprozesses von — 539

Polyacrylnitrilfaserstoffen, Untersuchung der Diffusionsvorgänge beim Erspinnen von — 125

Polyacrylnitrilfaserstoffen, Untersuchungen zur Hohlraumstruktur an — (KM). 597

Polyacrylnitrilfaserstoffen, Zur Kenntnis der Feinstrukturveränderungen von — im Rahmen textiler Veredlungsprozesse 1

Polyacrylnitrilpulvern, Messung der Verfärbung und Vorrichtung zur Prüfung der thermischen Beständigkeit von —. (Untersuchungen zur thermischen Verfärbung des Polyacrylnitrils). 98

Polyacrylnitrils, Untersuchungen zur thermischen Verfärbung des —.

Messung der Verfärbung und Vorrichtung zur Prüfung der thermischen Beständigkeit von Polyacrylnitrilpulvern 98

Polyacrylnitrils, Untersuchungen zur thermischen Verfärbung des — 170

Polyacrylnitrils, Untersuchungen zur thermischen Verfärbung des —. Thermische Abspaltung von Blausäure aus Polyacrylnitril 321

Polyäthylenterephthalat, Eine neue Betriebskontrollmethode zur Wasserbestimmung in — (KM) 449

Polyäthylenterephthalatbildung, Zur gravimetrisch-kinetischen Analyse der — im offenen System . . . 225

Polyäthylenterephthalatfäden, Einfluß der Orientierung von — auf die Farbstoffaufnahme und die Strukturveränderungen während der Thermosolierung 387

Polyäthylenterephthalatfäden, Einfluß der Spinnorientierung auf die Struktur und die Eigenschaften gereckter — 561

Polyamid, Die Bestimmung des Mattierungsmittelgehaltes in Titandioxidsuspensionen und mattiertem — 330

Polyamid 6, Einige Ergebnisse optischer Untersuchungen zur Fadenbildung und Kaltreckung von — (KM) 499

Polyamid 6, Messung der Transmission von Elementarfäden aus — und Polyester mit polarisierter Strahlung im ultravioletten Spektralbereich (KM) 47

Polyamidcord, Der Einfluß der Heißnachreckung auf die Gebrauchseigenschaften von — 293

Polyamidfaserstoffen, Modifizierung von — durch strahlenchemisch initiiertes Aufpfropfen von Styrol . 21

Polyamid-Granulat, Untersuchungen zur Trocknung von — 42

Polyamidschnitzeln, Zur manometrischen Wasserbestimmung in — (KM) 198

Polycaprolactamfäden, Zur Reaktion von — mit Formaldehyd (KM) 549

Polycaprolactamlösungen, Quantitative Teilchenanalyse in — (KM) . 152

Polyester, Messung der Transmission von Elementarfäden aus Polyamid 6 und — mit polarisierter Strahlung im ultravioletten Spektralbereich (KM) 47

Polyesterfaserstoffen, Über fehlerhafte Fasern in — 578

Polyesterseide, Filterwirkung von Titandioxid während der Strahlungseinwirkung auf — 149

Polypropylen, Quantitativer Nachweis von Linienverbreiterungen im Röntgendiffraktogramm von —. (Die übermolekulare Struktur hochpolymerer Verbindungen. Teil VI) . 163

Polypropylen, Röntgendiffraktometrische Bestimmung eines absoluten Kristallinitätsgrades an — mittels eines Fourierverfahrens. (Die übermolekulare Struktur hochpolymerer Verbindungen. Teil VII). 242

Pfropfcopolymeren, Eine einfache Methode zur Bestimmung des Durchschnittspolymerisationsgrades von Polyacrylnitril in — mit Cellulose (KM) 348

Pfropfpolymerisation, Über die Initiierung der — von Acrylnitril auf Cellulose durch Mangan (IV) (KM) . 451

Polymerisationsgradbestimmung, Zur Methodik der — an Cellulosenitraten. Teil II 71

Polymerisationsgradverteilung, Über die Veränderung der — von Fichtenholzcellulose bei zunehmendem Abbaugrad. 137

Polyvinylalkohol, Rheologische Untersuchungen an konzentrierten wäßrigen Lösungen von — 472

Präparationsmethoden. (Elektronenmikroskopische Untersuchungen an Ultradünnschnitten von Celluloseregeneratfäden. Teil I). . . . 118

Quantitative Teilchenanalyse in Polycaprolactamlösungen (KM) . . 152

Quellung, Zur — von Buchenzellstoffen in 19,5%iger Natronlauge bei Temperaturen zwischen 20 und 70 °C (KM). 102

Quellungsverhalten, Zum — von Normalholz- und Zugholzfasern der Pappel 61, 350

Reaktion, Verlauf der — von Hydroxylaminlösungen mit Lactonen in Cellulosepräparaten (KM) . . . 400

Reaktion, Zur — von Polycaprolactamfäden mit Formaldehyd (KM) 549

Reckung, Über Veränderung der Feinstruktur von Polyacrylnitrilfasern bei der — und der thermischen Behandlung. 1. Mitt. 2. Mitt. 309, 391

Reifencord, Ein einfaches Verfahren zur Beurteilung der Haftkraft von — an Gummi 300

Rheologische Untersuchungen an konzentrierten wäßrigen Lösungen von Polyvinylalkohol 472

Rheologische Untersuchungen an Spinnlösungen. 5. Mitt. 417

Röntgendiffraktometrische Bestimmung eines absoluten Kristallinitätsgrades an Polypropylen mittels eines Fourierverfahrens. (Die übermolekulare Struktur hochpolymerer Verbindungen. Teil VII) 242

Röntgendiffraktogramm, Quantitativer Nachweis von Linienverbreiterungen im — von Polypropylen. (Die übermolekulare Struktur hochpolymerer Verbindungen. Teil VI) . 163

Schnitzeln, Zur manometrischen Wasserbestimmung in Polyamid— (KM) 198

Sekantenmoduli, Zuordnung der in der Literatur gefundenen Modul-Begriffe zur Systematik der Tangenten- und —. (Dynamische Zugprüfung von Fäden. II.) 368

Sichtbarer Strahlung, Treffertheoretische Analyse der Ergebnisse von Bestrahlungsversuchen mit ultravioletter und — (KM) 101

Silanen, Zur Adsorption von organofunktionellen — und Chromkomplexverbindungen an Glasseide. (Über Eigenschaften thermisch-chemisch nachbehandelter Glasseidengewebe. III.) 10

Spaltung, Untersuchungen zur alkalischen — von Estern und Äthern der Cellulose in Gegenwart von Dimethylsulfoxid 383

Spinnenden Faserkabel, Beitrag zur Bestimmung des Gammawertes im — 77

Spinnlösungen, Rheologische Untersuchungen an —. 5. Mitt. 417

Spinnorientierung, Einfluß der — auf die Struktur und die Eigenschaften gereckter Polyäthylenterephthalatfäden 561

Spinnprozeß, Inhomogenitäten in Buchensulfitzellstoff-Viskosen und ihr Einfluß auf den — 438

Spinnspule, Der Wasserhaushalt der —. (Dickstellen in gereckter Polyamidseide und ihre Entstehungsursachen. Teil 4) 564

Stabilität, Zur thermischen — von Terephthalatsäuredimethylester . 185

Standardisierung
13. Mitt. des FA Textilterminologie der KDT 550

Strahlungseinwirkung, Filterwirkung von Titandioxid während der — auf Polyesterseide 149

Struktur, Die übermolekulare — hochpolymerer Verbindungen. Teil VI. Teil VII 163, 242

Struktur, Die — von Gelfäden, koaguliert in Ammoniumsulfatlösungen. (Elektronenmikroskopische Untersuchungen an Ultradünnschnitten von Celluloseregeneratfäden. Teil II) 425

Struktur, Einfluß der Spinnorientierung auf die — und die Eigenschaften gereckter Polyäthylenterephthalatfäden 561

Struktur, Mikroskopische Untersuchungen zur — von Cellulosexanthogenatgelen. Teil II 219

Struktur, Vergleich der — und des Farbstoffaufnahmevermögens von Fäden aus Polyacrylnitril und Acrylnitril/Methacrylat-Copolymerisaten 231

Strukturveränderungen, Einfluß der Orientierung von Polyäthylenterephthalatfäden auf die Farbstoffaufnahme und die — während der Thermosolierung 387

Styrol, Modifizierung von Polyamidfaserstoffen durch strahlenchemisch initiiertes Aufpfropfen von — 21

Substitutionsgrad, Geschwindigkeitsgefälle, Konzentration, —, Polymerisationsgradberechnung, Fehlerkritik. (Zur Methodik der Polymerisationsgradbestimmung an Cellulosenitraten. Teil II) 71

Tagungen
7. Internationale Chemiefasertagung in Dornbirn 49
Transportvorgänge in verdünnten Polymerlösungen und ihre Anwendung (Diskussionstagung) 551
Tangentenmodul, Kritische Betrachtungen zum Begriff —. (Dynamische Zugprüfung von Fäden. XI.) 141
Tangenten- und Sekantenmoduli, Zuordnung der in der Literatur gefundenen Modul-Begriffe zur Systematik der —. (Dynamische Zugprüfung von Fäden. XII.) 368
Teilchenanalyse, Quantitative — in Polycaprolactamlösungen (KM) . 152
Textilien, Zu den Ursachen der Trockenanschmutzung von — . . 338
Textilprüfung, Zur Toleranz der Vorspannkräfte und deren ökonomisch optimaler Berücksichtigung in der — 249
Theoretische Betrachtungen zur Gewebebildung 509
Terephthalsäuredimethylester, Zur thermischen Stabilität von — . . 185
Thermisch-chemisch, Über Eigenschaften — nachbehandelter Glasseidengewebe. III. 10
Thermischen Behandlung, Über Veränderung der Feinstruktur von Polyacrylnitrilfasern bei der Rekkung und der —. 1. Mitt. 2. Mitt. 309, 391
Thermischen Beständigkeit, Messung der Verfärbung und Vorrichtung zur Prüfung der — von Polyacrylnitrilpulvern. (Untersuchungen zur thermischen Verfärbung des Polyacrylnitrils) 98
Thermischer Nachbehandlung, Zur Kenntnis der Eigenschaftsänderungen von Viskosefasern nach Bestrahlung mit beschleunigten Elektronen und — 495
Thermischen Stabilität, Zur — von Terephthalsäuredimethylester . . 185
Thermischen Verfärbung, Untersuchungen zur — des Polyacrylnitrils 98, 170, 321
Thermosolierung, Einfluß der Orientierung von Polyäthylenterephthalatfäden auf die Farbstoffaufnahme und die Strukturveränderungen während der — 387
Titandioxid, Filterwirkung von — während der Strahlungseinwirkung auf Polyesterseide 149
Titandioxidsuspensionen, Die Bestimmung des Mattierungsmittelgehaltes in — und mattiertem Polyamid 330
Transmission von Elementarfäden, Messung der — aus Polyamid 6 und Polyester mit polarisierter Strahlung im ultravioletten Spektralbereich (KM) 47
Treffertheoretische Analyse der Ergebnisse von Bestrahlungsversuchen mit ultravioletter und sichtbarer Strahlung (KM) 101
Trockenanschmutzung, Zu den Ursachen der — von Textilien 338
Trocknen, Zeitlicher Verlauf der Lacton- bzw. Esterbildung in Zellstoffen beim Absäuern und — (KM) 346
Trocknung, Untersuchungen zur — von Polyamid-Granulat 42
Übermolekulare Struktur, Die — hochpolymerer Verbindungen. Teil VI. Teil VII 163, 242
Ultradünnschnitten, Elektronenmikroskopische Untersuchungen an — von Celluloseregeneratfäden. Teil I. Teil II 118, 425
Ultravioletter, Treffertheoretische Analyse der Ergebnisse von Bestrahlungsversuchen mit — und sichtbarer Strahlung (KM) 101
Umsetzung, Zur heterogenen — von Cellulosefasern mit α-Chloracrylnitril 486
Umwandlungspunktes zweiter Ordnung, Ermittlung der hydrothermischen Beständigkeit von Polyacrylnitrilfasern durch Bestimmung des — 267
Umwandlungswärmen, Ein Iterationsverfahren zur Berechnung von — aus differentialkalorimetrischen Messungen an hochpolymeren Festkörpern 529
Veredlungsprozesse, Zur Kenntnis der Feinstrukturveränderungen von Polyacrylnitrilfaserstoffen im Rahmen textiler — 1
Verfärbung, Untersuchungen zur thermischen — des Polyacrylnitrils 98, 170, 321
Verzweigter, Einfluß der Lösungsmittelgüte auf das Verhalten linearer und — Makromoleküle in Lösung 409
Vinylchlorid-Copolymerisate, Modacrylfasern auf Basis binärer Acrylnitril/—. (Herstellung und Eigenschaften chlormodifizierter Acrylfasern. 1. Mitt.) 467
Viskosefasern, Zur Kenntnis der Eigenschaftsänderungen von — nach Bestrahlung mit beschleunigten Elektronen und thermischer Nachbehandlung 495
Viskosefaserstoffe, Untersuchung der chemischen Accessibilität und Eigenschaften der — 491
Viskosen, Beitrag zur Bestimmung des Gelteilchengehaltes in — . . . 434
Viskosen, Inhomogenitäten in Buchensulfitzellstoff- — und ihr Einfluß auf den Spinnprozeß. 438
Viskosen, Zum Einfluß der Nachreife auf den Partikelgehalt von — 333
Viskosen, Zur Viskositätskorrigierung des Filterwertes von — (KM) 452
Viskosespinnlösungen, Zum Fließverhalten von — hoher Viskosität. (Rheologische Untersuchungen an Spinnlösungen. 5. Mitt.) 417
Viskosität, Zum Fließverhalten von Viskosespinnlösungen hoher —. (Rheologische Untersuchungen an Spinnlösungen. 5. Mitt.) 417
Viskositätskorrigierung, Zur — des Filterwertes von Viskosen (KM) 452
Viskositätsmessungen an gelhaltigen Celluloselösungen 481
Viskositätszahl, Über die Extrapolation der — von Hochpolymeren auf das Geschwindigkeitsgefälle Null 521
Vorspannkräfte, Zur Toleranz der — und deren ökonomisch optimaler Berücksichtigung in der Textilprüfung 249
Wäßrigen Lösungen, Rheologische Untersuchungen an konzentrierten — von Polyvinylalkohol 472
Wasser, Bestimmung der Gleichgewichtskonstanten von — in Hochpolymeren 533
Wasser, Diffusion von — in Hochpolymeren 377
Wasserbestimmung, Eine neue Betriebskontrollmethode zur — in Polyäthylenterephthalat (KM) . . 449
Wasserbestimmung, Zur manometrischen — in Polyamidschnitzeln (KM) 198
Wasserhaushalt, Der — der Spinnspule. (Dickstellen in gereckter Polyamidseide und ihre Entstehungsursachen. Teil 4) 564
Xanthogenatbildung und -zersetzung, Kinetische Untersuchungen zur — bei chemisch modifizierten Cellulosen und bei Hemicellulosen 573
Xanthogenatbildung und -zersetzung, Zur Kinetik der — bei einigen niedermolekularen Alkoholen und einfachen Zuckern. Teil I. Teil II 111, 350; 179
Zellstoffen, Zeitlicher Verlauf der Lacton- bzw. Esterbildung in — beim Absäuern und Trocknen (KM) 346
Zentripetale Diffusion, Gelstrukturen durch — von Elektrolyten. (Mikroskopische Untersuchungen zur Struktur von Cellulosexanthogenatgelen. Teil II) 219
Zuckern, Zur Kinetik der Xanthogenatbildung und -zersetzung bei einigen niedermolekularen Alkoholen und einfachen —. Teil I. Teil II 111, 350; 179
Zugbeanpruchten, Über Experimente zur Demonstration der Dehnungsverteilung an — Fördergurtprüfstäben 357
Zugholzfasern, Zum Quellungsverhalten von Normalholz- und — der Pappel 61, 350
Zugprüfung von Fäden, Dynamische — XI. XII. 141, 368
Zylindrischen Fasern, Mikrohärtemessung an — und Elementarfäden (KM) 197

FSC
www.fsc.org
MIX
Papier | Fördert gute Waldnutzung
FSC® C083411

Zeitfracht Medien GmbH
Ferdinand-Jühlke-Straße 7
99095 Erfurt, Deutschland
produktsicherheit@kolibri360.de